鱼病

快速诊断与防治
彩色图谱

袁圣　赵哲　等著

化学工业出版社

·北京·

内容简介

本书以作者多年鱼病防治的实战总结为基础，通过大量的原创照片展示，对由病毒、细菌、真菌、寄生虫、有害藻类以及水质和营养等引起的常见淡水鱼类疾病的一线诊断、预防及治疗方法做了详细阐述，并尝试传播鱼病标准化防控的理念，帮助读者理解鱼病防控的实战逻辑，科学防控鱼病，从而降低鱼病的发生率及由此带来的损失，提高养殖经济效益。

图书在版编目（CIP）数据

鱼病快速诊断与防治彩色图谱/袁圣等著. —北京：化学工业出版社，2023.5（2023.7重印）
ISBN 978-7-122-43025-0

Ⅰ.①鱼… Ⅱ.①袁… Ⅲ.①鱼病-诊疗-图谱 Ⅳ.①S941-64

中国国家版本馆CIP数据核字（2023）第039626号

责任编辑：张林爽　　　　　　　　文字编辑：张春娥
责任校对：王　静　　　　　　　　装帧设计：关　飞

出版发行：化学工业出版社
　　　　　（北京市东城区青年湖南街13号　邮政编码100011）
印　　装：北京缤索印刷有限公司
787mm×1092mm　1/16　印张15　字数331千字
2023年7月北京第1版第2次印刷

购书咨询：010-64518888
售后服务：010-64518899
网　　址：http://www.cip.com.cn
凡购买本书，如有缺损质量问题，本社销售中心负责调换。

定　　价：108.00元　　　　　　　　　版权所有　违者必究

鱼病快速诊断与防治彩色图谱

著 者

袁　圣　江苏农牧科技职业学院

赵　哲　河海大学

章晋勇　青岛农业大学

薛　晖　江苏省淡水水产研究所

陈　辉　江苏省渔业技术推广中心

仇登高　福建省水产研究所

王　弢　扬州市邗江区畜牧兽医和水产技术指导站

前言

　　作为长期在水产养殖一线从事鱼病诊断、防控的基层工作者，深感水产养殖的艰难和养殖户的不易，而其中的鱼病已经成为制约水产养殖的重要瓶颈，每年由鱼病引发的损失巨大，且有进一步扩大的趋势。生产一线普遍缺乏系统化的鱼病防控方法指导，相对较多的从业人员不具备鱼病防控所需要的专业知识，因此导致养殖一线的鱼病防控问题很多，困难重重。鉴于此，我们产生了将数十年处理的鱼病案例、收集的鱼病图片整理成册的想法，希望能对一线的鱼病防控技术人员及养殖户有所帮助。

　　本书中的方案来自于鱼病防控实践的总结，具有一定的可操作性，但是每口池塘发生的问题不尽相同，池塘条件也存在差异，在处理具体问题时，还需要根据实际情况优化方案。

　　由于鱼病防控具有相当的复杂性，书中难免存在疏漏及不足之处，恳请读者批评指正。

　　苏州大学叶元土教授、四川农业大学汪开毓教授对于本书的创作提出了非常宝贵的建议，并在写作过程中一直给予鼓励和支持，在此对两位务实的教授表示衷心感谢！湖南农业大学的刘新华博士对书稿中孢子虫部分内容做出了非常专业的指导和帮助，南通海之捷生物科技有限公司的何道清、中泓鑫海（盐城）生物制品有限公司的姚明江等提供了大量清晰、生动的鱼病实景照片，"鱼病系列课私享群"的群友王大荣、张正谦、刘朝彩、何冬成、李灵、王中清、朱军、杨小波、肖健聪、杨博等为本书提供了丰富的实例，在此一并感谢！

著　者

目录

第三章　常见淡水鱼病毒性疾病诊断与防治 / 051

第四章　常见淡水鱼细菌性疾病诊断与防治 / 076

第五章 常见淡水鱼真菌性疾病诊断与防治 / 121

第六章 常见淡水鱼寄生虫性疾病诊断与防治 / 126

第七章 由营养不当引起的鱼类疾病诊断与防治 / 193

第八章 鱼类其他疾病诊断与防治 / 198

第九章　有害藻类的防控 / 224

第一章
鱼病、渔医及鱼药概述

一、鱼病

　　近年来由鱼的病害引发的损失巨大（图1-1～图1-4），几乎每个养殖品种都会发生严重的疾病，从养殖金鲳的"刺激隐核虫病"到异育银鲫的"鳃出血病"再到草、鲫、鲤、花白鲢的"越冬综合征"，病害肆虐之处死亡惨重，损失巨大，养殖户闻病色变。而病害一旦发生后诊断困难、治疗乏力也是造成死亡的重要原因之一。

　　水生动物病害现场诊疗手段匮乏、临床诊疗标准缺失、药物更新缓慢、治疗方案不成体系（停滞不前）以及过度关注于病原而忽略养殖本身的系统性等问题造成了病害防控较为混乱的局面，很多时候，养殖户成了渔医，而技术人员却只扮演着药品销售的角色，技术在疾病防控中的作用没有显现；关于水生动物病害防控的基础研究发展慢，落后于养殖

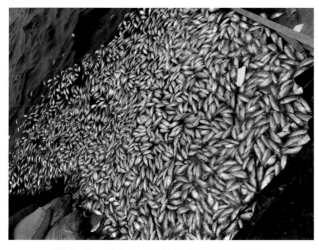

图 1-1　鳃出血病导致异育银鲫大量死亡

图 1-2　越冬综合征导致草鱼大量死亡

图1-3　套肠病导致斑点叉尾鮰大量死亡　　　图1-4　异育银鲫鳃盖后缘出血病等新发疾病增多

现状及趋势，愈发激烈的渔医与养殖户的"医患"矛盾及临床技术断层等问题使得能治病、懂治病、敢治病的基层渔医越发稀少。

当下的水生动物病害防控存在着两方面的局势，一方面是乐观者认为免疫增强剂或者动保产品的大量使用可以很好地预防病害的暴发，另一方面是养殖一线人员在超量使用免疫增强剂及动保产品后病害依然高发，从业者信心缺乏，养殖损失惨重。这种没有了解病害发生的原因而随意用药或为了用药而用药的情况还较为普遍。那么水生动物病害是如何发生的？发生以后又如何寻找病因，给出合适的处理建议，可以通过分析获知。

把养殖过程看成是一个木桶，苗种质量、饲料投喂（质量）、水质管理、底质优化、体质强化、捕捞运输、疾病治疗都是构成水桶的木板，疾病的发生与各块木板的平衡有很大的关系，甚至会因一到两块短板而暴发。由于鱼价不稳，效益降低，养殖户往往会通过降低饲料档次及投喂量来降低成本，长此以往，就会造成水生动物营养不良，免疫机能下降，苗种携带的病原就可能大量增殖而引起发病；底泥中的病原在水质恶化、溶解氧下降后大量繁殖，通过体表锚头蚤等（图1-5）寄生虫叮咬造成的伤口或者胃肠道内不科学投喂形成的伤口入侵，导致细菌性疾病发生；体表的伤口处理不及时，水霉在伤口处继发生长，则会形成真菌性疾病（图1-6）。

在养殖过程中不发生疾病的池塘几乎没有，病害是每个养殖户都绕不开的坎，老百姓们对于真才实学、能解决实际问题的技术人员求贤若渴，而一个优秀的渔医的成长需要积淀，应该掌握包括流行病学、水生动物病理学、水生动物营养学、水产微生物学、鱼类学、水化学、水产药物学、鱼体解剖、显微镜操作、水质检测及临床应用等方面的知识，在处理问题时还需结合养殖记录、现场问询等措施，综合分析病因及病症，选择质量可靠的药物并科学使用，才有可能处理好鱼病。

疾病的防控分为两个部分，一是疾病的预防，二是疾病的治疗。疾病的预防又包括水质的改良及稳定、底质的调节、体质及免疫力的强化（科学投喂）以及一些诱发因素的处理；疾病的治疗也分为两个部分，一是疾病的确诊，这是治疗的基础及关键，二是开出处

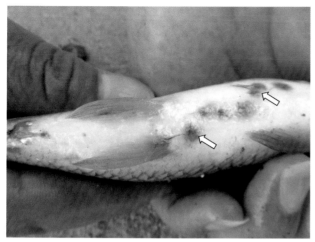
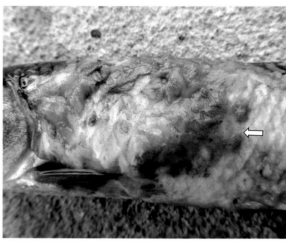

图1-5　锚头蚤叮咬形成的伤口成为细菌入侵的途径　　　　图1-6　体表的伤口是水霉感染的必要条件

方，用药物进行干预处理，这是最终落实的抓手。

从疾病预防来看，已经做了很多的工作，但是药品针对性不强、使用时间节点把握不准以及药品质量参差不齐等导致预防效果并不理想，比如推荐用于病毒性疾病预防的多糖类药物并未达到实验室的效果，可能与产品原料的质量、投喂的剂量、投喂的时间及投饵率都有关系；从疾病的治疗来看，技术进步较慢，实际操作中技术人员往往将疾病与养殖过程割裂开，陷入了单纯通过病原来判断疾病的窄性思维中，难以对疾病形成的真正原因做出分析，就很难做到合理用药。而苗种退化（图1-7）、带毒率高的事实将会导致"带毒养成"成为今后水产养殖的常态，疾病发生的概率还会进一步提高，疾病防控的压力也会进一步加大。

目前，疾病的正确诊断仍是很多技术人员难以逾越的障碍。疾病的暴发由病原引起，病原分为生物性及非生物性的两种。生物性的病原如细菌、病毒、真菌、寄生虫、藻类等，它们之间可能存在并发的情况，如寄生虫叮咬形成伤口，细菌在伤口处继发感染引起细菌

图1-7　苗种带毒给异育银鲫（a）、加州鲈（b）的养殖带来了重大隐患

性败血症，如果只处理细菌则细菌性败血症很容易复发，高温期花白鲢的细菌性败血症反复发作大多如此；水霉菌在体表受伤部位继发生长，形成肉眼可见的棉絮状物，如果只处理水霉，不对伤口进行治疗也会造成频繁的复发。非生物性的病原有营养、水质、底质、中毒等，它们是诱发及加剧鱼病的重要因素。鉴于鱼病确诊的复杂性及多种病原可能混合感染的情况，对于疾病的确诊应该做好以下几方面的工作。

1. 到池塘（现场）对濒死鱼进行检查

这是因为有些病症在濒死鱼捞出水面后会快速改变，如患"大红鳃病"的濒死鱼捞出水面约10s鳃丝的颜色即由鲜红色变成暗红色（图1-8），典型症状已经不再典型，给确诊带来困难。

图 1-8 患大红鳃病的鱼拿出水面 10s 左右鳃丝的颜色就会从鲜红变成暗红

2. 对濒死鱼进行细致的检查

检查包括目检、显微镜镜检及解剖观察，必要时还需对鱼体进行触摸等感官检查。通过对鳃丝颜色、口腔、眼球、鳃盖、鳍条、黏液、鳞片、肌肉、肝胰脏、脾脏、胆囊、肾脏、心脏、血液、消化道及消化道内容物等做详细的检查来发现问题。

3. 对水质进行检测

可在不同地点取不同深度的水样进行检测，主要检测的指标有pH值，氨氮、亚硝酸盐、溶解氧、硫化氢、磷酸盐含量，藻类及浮游动物数量等，它们对疾病的判断有重要的辅助意义。

4. 对养殖管理细节进行询问（图1-9）

询问的内容包括死鱼发生的过程、死鱼的数量变化、濒死鱼的数量变化、水色及水质的变化情况以及用药处理的过程及结果等，这些情况都是重要的信息，对下一步疾病的诊断和治疗有重要的参考意义。

在对疾病正确诊断的基础上，综合考虑水质、底质、溶解氧、藻类及用药史后开具处方。通常情况下药物的使用分为外泼及内服等方式，外用药物的选择需要结合水质的状况、溶解氧的状况、鱼的体质状况、鱼种投放的模式及比例、病原的种类及鱼的摄食状况来进行。如藻类较少，溶解氧不足时慎用苯扎溴铵等表面活性剂，其对藻类影响较大，可能导致藻类死亡而引发泛塘；鱼体在长时间越冬后体质虚弱，处理水霉病时应避免使用硫醚沙星等药物，否则可能引起体弱的鱼暴发性死亡；花白鲢等滤食性鱼类较多的池塘及水

图1-9　养殖现场实地查看、询问养殖情况在鱼病治疗中非常重要

质清瘦时应避免大剂量使用氯制剂（如强氯精），否则可能灼伤鳃丝，滤食器官受损后导致生长变缓；花鲢投放较多的池塘，养殖过程中应减少有机磷及菊酯类杀虫剂的使用频次，否则浮游动物丰度下降，优质饵料不足，影响鱼生长；鱼类摄食不佳时慎用敌百虫，否则可能加剧鱼类拒食，导致必要的内服药物无法摄入而影响治疗。内服药物需根据药敏试验结果及病灶部位等情况具体选择，如"细菌性肠炎病"等疾病，可选择氟苯尼考、磺胺嘧啶、庆大霉素等药物拌饲内服，其对肠道内致病菌效果较好；而全身性的细菌感染如暴发性出血病等则应选择恩诺沙星、硫酸新霉素等溶解性、吸收性均佳的药物，方能快速地在血液中达到有效血药浓度，杀灭细菌，控制病情。

有了处理思路以后，选择质量可靠、安全可控的药物也是保证疗效的必要条件。目前市面流通的渔用药物存在诸多问题，如严重同质化、含量不足、实际成分与标签标示不符等，不正规企业通过低质、低价恶意竞争，"劣币驱逐良币"的情况突出，影响了疾病的治疗效果，也影响了养殖户、渔医的信心。

这里要强调的是：药敏试验作为主要工具被用于敏感药物的筛选，但是并不应该是选择药物的唯一依据，具体选择药物时还得考虑如下问题：筛选的药物能否溶解于水？能否在肠道被吸收？肝胰脏的状况能否承受其代谢？药物在体内能维持有效血药浓度的时间等，综合以上信息，方能选出最适合的药物。

疾病的治疗是一件复杂且技术含量非常高的工作，不管是什么疾病，到了发病中后期往往都是混合感染，病原已经不止一种，此时对致病因素进行分析，确定发病或致死原因，给出合理的处理方案非常重要。

二、渔医

基层渔医在水生动物疾病防控中起到了关键作用，是一线水生动物疾病防控的中坚力

量，大部分鱼病的防控由他们指导完成，那么，这些承担着治病救鱼重任的渔医们现状如何？现概述如下。

（一）渔医现状

1.基层渔医专业知识基础薄弱

基层渔医中出自水产养殖专业的占比不高。水产养殖专业的学生在最初报考填报志愿时，大部分的考生对该专业并不了解，转专业及毕业后即转行的现象较普遍，本科及以上层次的学生大多选择继续深造，毕业后大部分去往科研院所及高校工作，导致养殖一线缺乏有系统训练的专业人才。

具体到专业教学中，关于生产实践的部分偏少，学生的课堂学习与生产实践存在脱节的情况。教学的内容偏重于理论知识，对于新的疾病防控理念、新发疾病的介绍较少，新一代渔医在学校甚至毕业后的很长时间内主要靠自己摸索来面对养殖现状，进步的速度就较慢。

2.可用药物越来越少

药物是病害防控的主要媒介，是渔医的武器，其质量好坏、使用正确与否直接决定着治疗的结果。在养殖一线，对药物的使用因为缺乏专业的指导存在无序、盲目加量、随意配伍的现象，这样的做法加快了耐药性的产生，加速了抗生素等药物的淘汰速度，加大了药物的使用剂量，进而加剧了环境污染及水域生态的破坏，因此主管部门会进一步规范药物使用及控制用药量，这样形成可用药物越来越少的情况。渔医在处理鱼病时往往会遇到没有合适的药物可用的情形（图1-10）。

图1-10　硫氰酸红霉素等违禁药品

3.现代化诊疗手段参与度低、科研与生产存在脱节

大多数鱼药门市的诊疗室只有普通的光学显微镜、剪刀、水质检测试剂盒等简单工具，能够通过这些工具诊察出的病原是有限的，即便这些简单的工具也不能被所有人正确调试及使用，更多的时候还是通过感觉及经验对疾病做出判断及处理。现代化的仪器如PCR仪等可以对特定病原作快速的检测，能够让疾病的诊断更准确、用药也更精确，但由于条件所限，它们在基层水生动物诊疗中的使用率仍较低。

科研是社会发展的源动力，也是解决水生动物病害的基础和支撑，新的疾病出现后往往从病原入手进行筛查及研究，但是水生动物的疾病存在特殊性，相关因素较多，诱因、病因、病原等相互作用最终导致了疾病的发生，当前存在重病原、轻病因的情况、在大规模的鱼病发生以后，从鱼体分离病原变得容易，但是综合分析病因，给出有效的处理方案却较为困难。

4.技术的价值得不到体现

优秀的渔医具备处理实际问题的能力，在养殖一线属于稀缺资源，但是单纯通过诊断工作获得的收益相对较少，有时候渔医的收益还要靠销售鱼药。

（二）渔医工作面临的困难

1.养殖户对渔医信任度不高

养殖户对渔医的依赖性较低，在诊疗过程中由于养殖户的信任度较低导致渔医处理鱼病的积极性降低。

并且由于临床诊断能力的差异，仍有不少渔医不能对疾病做出快速诊断，在苗种退化、养殖密度居高不下的背景下，新发疾病尤其是新发病毒性疾病的概率增高，盲目处理可能导致治疗失败，引发损失，这就会给基层渔医带来了巨大压力，甚至遇到问题也不敢轻易做出应对。

2.鱼病防治缺乏标准

鱼病的诊疗是一个复杂的过程，涉及的因素很多，需要细致的检查、科学的分析才能得出鱼病的发生原因，再综合药物学、水化学等知识，方能开具处方，治愈鱼病。目前对鱼体的检查、解剖缺乏相应的标准流程及评价依据，在诊疗过程中，无法正确对发现的问题进行评判，漏诊、误诊乃至治疗失败的情况时有发生。标准的缺失还会导致相关方对治疗结果缺乏预判，养殖户对治疗结果期望较高，如果达不到预期的疗效，可能存在心理落差，但是一些疾病如病毒性疾病却又是无法快速控制的，短期内治疗效果有限。

3.鱼病临床诊疗技术薄弱

缺乏对诱因的综合分析也是鱼病处理效果不佳的重要因素。在培训体系中，水生动物疾病被命名为如"细菌性肠炎病"等的独立病症，从病原研究及人才培养的角度，这是必要的，但是从一线防控等应用角度来看，过度注重病原可能会让鱼病防控陷入"死胡同"。引起疾病的原因很多，当疾病发展到中后期时往往变为混合感染，引起水生动物死亡的原因不再单一，单纯从某个病原着手一般不能彻底解决鱼病及后续的继发感染等问题。薄弱的基础研究、匮乏的鱼病临床诊断手段让渔医遇到问题时无法准确做出判断。

4.针对渔医实操性的培训相对较少

鱼病只能预防，不能被治疗是当下鱼病防控中传递较多的理念。对鱼病的预防固然重要，但是鱼病发生以后，能不能被治疗、该不该被治疗要看具体情况而定。大部分时候，鱼病是可以很好地被控制的，如细菌性疾病，通过外用消毒剂、内服抗生素可以快速降低鱼的死亡量；病毒性疾病确诊后，把握好一些关键细节，死亡量通常也不会太大。

各种培训、讲座的理论性强，实操性不足，培训中大多告诉人们不能怎么做，但是如何做却鲜有提及。

（三）如何做好渔医

1.加强专业知识学习，加快知识体系更新

渔医同样需要有大量的知识储备，除应掌握如《水生动物疾病防治学》《池塘养鱼学》

《水产药品学》等相关的专业知识外，还需具备将各门学科糅合并加以应用的能力。只有通过学习，熟知养殖的各个环节，了解基本的防治知识，熟练应用各种仪器、设备，掌握药敏实验等筛选药物的方法等，才能将本职工作做好。

水产养殖业发展迅速，养殖模式不断更新，养殖的密度越来越大，新的疾病不断出现，可用的药物也在不断变化，渔医需要及时更新自己的知识体系，关注最新的养殖动态，才不会落后于养殖实际。

2.搭建基层渔医的交流平台，提升诊疗水平

长期在固定区域从事水生动物病害防控容易形成思维定势，在处理问题时往往离不开以往的经验和认知，比如对鱼体进行检查时，大部分人只会去检查鳃丝寄生虫状况，查看体表情况，打开腹腔看肝胰脏颜色，而像眼球、鳃盖内侧、肌肉等处也是疾病的易感区域，常常被忽略。

在各养殖集中区的渔医，他们对各种疾病的诊疗做了详细总结，处理的效果也很好，这样的优秀经验应该被推广和学习，它们对水生动物病害防控的实际指导意义是巨大的。

3.形成鱼病防控标准流程，加强对基层渔医的保护

鱼病防控流程的标准不健全导致病害防控过程中的操作随意性较大，防控效果不佳，时而引发的医疗事故给渔医及养殖户都会带来一定的伤害。因此，科研院所、高校与基层渔医应在主管部门或行业协会的组织下通力合作，将理论与实践相结合，形成并固化各品种的鱼病诊断及防治的标准化流程并在基层推广应用，这是一件非常有意义的事情。

4.加大渔用药物的引进或研发力度

近年来水产养殖变化较大，新发鱼病较多，传统的鱼药在长时间使用后出现耐药性，效果变差，已经不能完全满足当前鱼病防控的要求。病毒性疾病发生率逐年提高，针对病毒性疾病预防及处理的药物研究相对滞后以及效果不明确等都给鱼病防治带来了困难。

鱼药生产企业众多，产品同质化严重，同种药物质量差异较大，养殖户对鱼药质量的判断方法不多，更多的时候是通过业务人员的宣传获得感性认识，通过比对价格后进行选购，药物购买的随意性较大，药物使用技术性不强，不能保证疗效。而市面上有一些药物或组方的疗效确切，针对某些疾病的治疗效果优秀，行业协会是否能科学地收集优秀鱼药或组方的信息并进行发布，甚至形成各种疾病治疗的金处方，对指导渔医的科学用药有重要意义。

5.诊疗分开，诊断收费

诊疗分开，凭处方给药是人类医疗体系的常规做法。在水生动物病害防控中，可以尝试因地开办水生动物诊所，诊疗分开，诊断收费，渔医对诊断结果负责，开具处方让养殖户购买药物用于治疗。在诊疗收费的情况下，渔医更加积极主动地加大各种先进仪器的使用率，提高鱼病诊断的准确性，也能从总体上提高水生动物疾病诊疗的水平。

基层渔医是水生动物病害防控的中坚力量，只有总体提高基层渔医的诊疗水平、执业水平，提供多样且有效的学习途径，给予有力的政策支撑，才能让他们在一线水生动物病

害防控中的作用更加突显，为渔业乡村振兴提供技术保障。

三、鱼药

（一）鱼药品种及获取途径的变化

鱼药作为必需的渔需物资是鱼类养殖中不可或缺的投入品，在养殖过程中起着防病治病的重要作用。经过多年的发展，鱼药已经由简单的杀虫剂、消毒剂、抗菌剂衍生出了具有众多功能的多个品种。近几年，由于水产品价格波动、病害频发、养殖效益降低等原因，传统的鱼药销售模式发生了很大的变化。

图1-11　新型消毒剂"黛龙"
应用于水产养殖

1.品类多元化

广义的鱼药囊括了调水剂、改底剂、解毒剂、抗应激剂、肥料、矿物质、杀虫剂、消毒剂、免疫增强剂、催产剂等，可谓种类繁多。用于治疗由细菌、寄生虫、病毒、真菌等生物性病原引起的疾病的鱼药逐渐减少，而用于水质调节、底质改良、体质增强等的投入品类增长迅速。大量的新型消毒剂被用到水产养殖中，以期解决一些棘手的疾病，如"黛龙"用于治疗"异育银鲫鳃出血病"（图1-11）、"纳米银"用于治疗顽固性"细菌性败血症"等。

2.去GMP化

从生产企业资质讲，有通过GMP认证的兽药生产企业，还有无需GMP认证的动保生产企业。

针对鱼药生产、销售、使用中的乱象，2021年1月6日，农业农村部发布了《关于加强水产养殖用投入品监管的通知》，将在2021～2023年对水产养殖用投入品进行重点监察，农业农村部出台该文件的原因是水产投入品（主要是水产动保、药品）行业混乱，有一些不受监管的企业、小作坊，通过制作精美标签、夸大疗效，生产或代工同质化产品，低质、低价抢占市场，有时甚至会将假药、违禁药品、人用药品、农药等通过此途径应用到水产养殖中去，如"青苔药"事件、"多宝鱼"事件等，造成了恶劣的影响，挤压了正规企业的生存空间，同时也会对食品安全构成威胁、对养殖环境造成影响，给基层渔医治疗鱼病造成困扰。

该文件的出台和执行，对水产养殖是有积极意义的，可以筛选出符合国家规范的企业并释放更大的市场空间；基层渔医可以使用到符合规范的药物，提高治疗的成功率；水产养殖者降低了投入品使用中的违法风险，产品更安全；具有研发能力的企业会更愿意加大研发投入，为行业创造出更多的功能性产品。

不过也应该注意到，随着多年来水产养殖中药品尤其是抗菌药的不当使用，主要水产

图1-12　罗非鱼的链球菌已经对
多种抗生素高度耐药

养殖区病原菌的耐药性已经发生了较大变化（如图1-12所示），现有的国标药物在部分地区已无法有效解决病害问题，在监管的同时应同步开展调研、试验，调整部分国标药物的品种及含量，出具符合实际情况的防控方案，为健康养殖提供强有力的武器。

3.饲料企业强势进入

另一个趋势就是越来越多的饲料企业也进入到鱼药生产、销售的行业中，比如几个大的集团化饲料企业，除了推出了调水产品外，还推出了诸如二氧化氯、碘制剂、抗生素等一系列产品，通过原有的饲料销售渠道，短期内占据了比较大的市场份额。

4.兽药企业大量涌入

在畜禽行业效益下滑的背景下，不少兽药企业遭遇了发展危机，迫使相关企业快速转变产品结构及营销模式，通过代加工或者购买产品配方的方式快速组建适合水产养殖的产品线，加快往水产养殖业进军的步伐。据不完全统计，近几年已经有超过千家的兽药企业拓展了水产板块业务。

5.产品销售直营化、网络化

自从某些大型鱼药品牌由经销商销售模式改为网络直营模式后，越来越多的鱼药企业选择开直营店或者通过网络进行产品销售，这种模式在一定程度上拉低了市面上药品的销售价格，但是也要注意，鱼药企业需避免陷入将一个技术含量很高的医学工作变成单纯药品销售的状况，技术保障在直销模式中仍是不可或缺的重要组成部分。

6.从业人员年轻化

有些鱼药企业、饲料企业的工作人员大多是刚入行的毕业生（包括非水产养殖专业的学生），工作以简单的实验室检测如"水质检测"等为主，没有构建系统化的服务体系。不少直营门店不销售杀虫剂、消毒剂，养殖动物出现疾病后很难得到有效治疗，导致对养殖户的帮助有限。未来动保企业应加强对员工的职业技能培训。

7.技术培训增多

随着通威公司"通享模式"等的推行，不同饲料企业在产品配方、质量上的差异将会越来越小，饲料企业间的竞争将会由饲料质量、价格的竞争转向服务质量的竞争，通过服务锁定客户的能力在未来非常重要，因此各大企业纷纷组建了自己的服务团队并通过线上、线下培训的方式进行技术的传播，同时各种行业媒体、平台的论坛、培训也越来越多，养殖户获得专业知识变得更加容易。

（二）鱼药使用的误区

鱼药品种的改变、销售模式的变化已经给传统的鱼病防治带来了一些变化，而药物使用的方法错误，各种误区频现，导致医疗事故不断，甚至把渔医行业变成了高危行业，所以应重点关注鱼药使用中的误区，科学用药，才能为健康养殖保驾护航。

1.抗生素使用的误区

（1）不了解抗生素治病的原理　一些养殖户在使用抗生素时存在误区，比如有人习惯于在饲料中低剂量添加抗生素来预防细菌性疾病，认为只要有抗生素的添加就会对细菌有一定的抑制作用，从而可以防止细菌性疾病的发生。而事实是只有当摄入的抗生素达到一定的剂量（最低抑菌浓度）时才可以杀灭或者抑制细菌繁殖，没有达到此浓度则几乎没有效果，并且长期低剂量添加抗生素反而会加剧细菌耐药性的产生，加快抗生素的淘汰速度，甚至培养出"超级细菌"。

（2）药物配伍不科学　由于各种抗生素获得的途径不同，其药性也存在差别。抗生素在配伍时需要综合考虑，比如氟苯尼考不可以与维生素C一起配伍使用，各个资料上都有总结，不做赘述。有些技术员或者养殖户在药物配伍上不讲究科学性，有时候甚至完全凭借经验来配伍，这种情况会导致药物滥用。

（3）对药性不了解　对药性不了解导致使用方法上存在错误。抗生素能否在肠道被吸收对其能治疗的疾病种类有决定性作用，不能在肠道内吸收的抗生素只能用于肠道疾病如"细菌性肠炎病"的处理，而对全身性深度的细菌感染如"细菌性败血症"是无效的，比如庆大霉素、磺胺脒、杆菌肽等，口服几乎不吸收，如果用这些药物来处理"细菌性败血症"，效果是不佳的；有些疾病如罗非鱼的"链球菌病"由革兰阳性菌（G^+）引起，如果养殖户使用治疗革兰阴性菌（G^-）引起疾病的药物进行治疗，效果也不会理想。再者是投喂的次数也存在误区，不同的抗生素投喂后可保持的有效血药浓度时间是不同的，因此投喂的次数也应该不同，如恩诺沙星，每日应投喂两次为宜。

（4）违禁药品仍有使用　一些违禁药物对于某些疾病的治疗效果不错，在养殖中仍有使用的情况。比如在乌鳢的养殖中，其体表的溃疡症是常见且难处理的问题，一种违禁药物"痢特灵"（呋喃唑酮）对此病有一定的效果，此病发生后，仍有养殖户使用"痢特灵"进行治疗，这会对食品安全造成威胁。含量为98%的恩诺沙星等原粉类抗生素偶尔也有使用，这是《兽药管理条例》明令禁止的。

由于养殖业风险大，农业保险覆盖率低，养殖中的保障不足，有些养殖户在生存的压力下可能还会违规用药，这样的情况必须引起关注。

2.消毒剂使用的误区

（1）没有认识到消毒剂的毒性　水生动物发病后，为了控制疾病，快速降低死亡率，养殖户一般会选择药性比较大的药物，比如"细菌性败血症"发生后，一般会选择苯扎溴铵或者戊二醛甚至是两者的合剂一起泼洒，其中苯扎溴铵对于藻类的影响非常大，在水质不好的池塘使用后藻类被大量杀死，光合作用降低，死亡的藻类在分解时大量消耗氧气，导致池塘中溶解氧急剧下降，而由于溶解氧下降导致藻类分解释放大量有机质，这又为有害细菌的生长提供了良好的条件，引起更大规模疾病的暴发。温和型消毒剂使用时同样存在风险，碘制剂是较为温和的消毒剂，被大量用于各种细菌性疾病及病毒性疾病的治疗中，养殖户认为其药性温和，泼洒时可能不太均匀，导致局部浓度过高，这也会引起水生动物的中毒甚至死亡。

消毒剂的选择需要结合水质状况、藻类情况具体分析，在使用前一定要充分搅拌，待其完全溶解后再均匀泼洒（图1-13）。

图1-13　外用药物泼洒不均匀可引起鱼类鳃丝鲜红、鳍条末端发黑

图1-14　大桶碘被普遍使用

（2）价格对于药品的选择影响较大　同样都是碘制剂，标注的含量可能会从2%～99%不等（图1-14），1L包装的价格从20元到160元不等。大部分时候，养殖户会选择价格便宜的药物，即便知道某种消毒剂含量低，但认为只要使用下去，也会有效果，但养殖户又无法在短时间内对这样一些药物的效果进行考证，这就给有效成分含量不足的药品甚至是假药生产商留下了可乘之机，结果是极大地影响了鱼类疾病的防治。

（3）消毒剂的副作用不明确　不少对环境影响很大的药物仍被使用于养殖中，如"甲醛"被认为有很强的致癌作用，在家庭装修中作为重点指标被严密监测，但是在水产养殖中，仍有将整瓶乃至整箱的甲醛使用到苗种或者成鱼的养殖中处理斜管虫病或者水霉病的情况，这对环境的影响很大（图1-15）。

3.杀虫剂使用的误区

（1）不了解杀虫剂的作用时间　寄生虫会影响鱼的摄食，甚至直接导致鱼类死亡。养殖户在发现寄生虫后急于处理，甚至存在第一天用药，第二天即对杀虫效果进行检查的情况，如果发现寄生虫还有，会再次用药。殊不知有些药物比如"阿维菌素"类杀虫剂，杀

图 1-15　水霉病的处理中，仍可能使用甲醛

虫高峰在施药后的4～5天才会出现，频繁使用药物不仅会对水环境造成伤害，也会增强寄生虫的耐药性，危害很大。

（2）追求特效杀虫剂　市面上流行的一些专门杀灭某种寄生虫的"特效"杀虫药，施药一次后，半年甚至更久的时间内不会再寄生该种寄生虫，由于其对于某一种寄生虫治疗的效果确切，销售十分火爆。但是这样的药物成分未知、副作用未知、通过流行病学调查发现，部分池塘使用该药物后，很快出现"大红鳃"等疾病，反而得不偿失。市面上流行的一些治疗"指环虫"的特效药对于某些鱼种如"鲤鱼"的毒性很大，推广时若疏于告知，就可能引起医疗事故。总之，使用成分不明、药效不确切的"特效药"风险是很大的。

（3）内服杀虫的方法未被推广　通过内服驱虫药物治疗鱼体体表的寄生虫，效果已经在很多场景得到证实。不少养殖户不能正确理解、接受此方法。某国外生物制药公司生产的"渔用敌百虫"内服后对于体表寄生的锚头蚤、鳃部的车轮虫、指环虫等效果均不错，但鲜有人愿意尝试。传统的杀虫观念的固守对于寄生虫处理方法的进步有阻碍，需要通过更多的途径来引导。

（4）内服及外用的配合使用　寄生虫是有生活史的，不少寄生虫只在某一个生活史阶段寄生于鱼体，那么在杀虫的时候就不能只针对鱼体的寄生虫进行杀灭。如九江头槽绦虫会产卵，池塘发生九江头槽绦虫感染后，若只使用内服药物驱虫，被驱除的虫体脱落水中，仍可能被饥饿的鱼摄食，形成二次感染，同时水中的虫卵也可能被鱼体摄食，因此在对绦虫进行处理时，除了内服驱虫药物外，还需要外用广谱杀虫剂杀灭虫卵，才可能取得较好的治疗效果。

合法合规且效果明确的杀虫剂在未来的养殖中将会成为刚需。

4.营养保健药使用的误区

（1）认为除了杀虫药外的所有中草药都是保肝药　在与养殖户交流中发现，养殖户对于中草药的保健效果比较认可，但是在实际使用中存在无法辨别中草药功能的情况。一些常用的中草药如大黄、黄芪、板蓝根、雷丸槟榔散、穿心莲、五倍子等的功能不尽相同，有些甚至可以损伤肝脏，但是有的养殖户误认为中草药一律都是保肝药，添加的频率大、数量也多，很可能达不到预期的效果甚至起到了反作用。

（2）认为大蒜素、三黄粉等也是保健药品　三黄粉、大蒜素等药物具有杀菌功效。水生动物的肠道中含有大量细菌，健康情况下有益菌与有害菌处于动态平衡中，这些菌群对于食物的消化有很大的帮助，如果长期在饲料中高剂量添加三黄粉、大蒜素等，很可能导致肠道菌群失调，停用后有害细菌快速繁殖，反而会引起肠炎等疾病。

三黄粉等可以作为辅助药物在疾病如"肠炎病"发生后配合主药一起使用。

5.解毒药使用的误区

有机酸如果酸等所谓的"解毒剂"由于成本低、利润高、使用安全等特点被广大鱼药生产企业及鱼药销售门店大量推广、应用到养殖生产中，但要注意区分使用时机。池塘出现中毒的情况可能是由于水质指标超标引起的，也可能是施药不均或浓度过高引起的，还有可能是内服药物过量引起的。部分养殖户在池塘出现药物中毒甚至是内服药物中毒后第一时间泼洒解毒剂（果酸类），并期待用药后死鱼快速得到控制，这是不科学的。还要提醒的是，按照规定，有机酸属于饲料添加剂范畴，是不可以直接泼洒到池塘中使用的。

6.微生态制剂等益生菌的使用及调水的误区

微生态制剂已经成为养殖户调节水质的主要产品（调节水质的途径很多，包括适量换水、适量放养滤食及刮食性的鱼类等）。微生态制剂包括的种类较多，如光合细菌、芽孢杆菌（水剂、粉剂）、硝化细菌、乳酸菌、EM菌、丁酸梭菌等。养殖户认可其对于环境改良、水质改善、体质提升的作用，但是使用方法不完全正确。如某些养殖户在草鱼得了"肠炎病"后，将氟苯尼考与乳酸菌一起拌饲投喂；使用粉剂芽孢杆菌提前活化时，认为活化的时间越长越好，甚至有将粉剂芽孢杆菌在船舱中浸泡4天后再行使用的案例，此时芽孢杆菌已经缺氧死亡，使用后只会产生反作用；了解光合细菌在使用前可以放在阳光下暴晒提效，但是没有考虑到暴晒过久后水温过高而导致活菌死亡的后果。

每年都会有不少例因为使用微生态制剂处理蓝藻引起的医疗事故，主要原因是没有正确认识到蓝藻集中死亡后光合作用停止导致的缺氧及大量释放的藻毒素对养殖动物的直接毒害作用。对蓝藻处理时切勿极端，少量蓝藻生长后对水产养殖的影响不大，但是短期内将蓝藻全部杀死却是非常危险的。

需要注意的是，微生态制剂将是未来几年行业主管部门管控的重点，所有微生态制剂的生产、销售、使用都应在国家规范的要求内进行。

第二章
鱼病防治基础

自2011年开始流行的异育银鲫"鳃出血病"在短期内导致全国鲫鱼产量降低了6成以上；在鲤鱼主产区肆虐的"鲤鱼疱疹病毒病"一度使不少鲤鱼养殖池绝产；"鳜鱼虹彩病毒病"在2017年造成7成以上的养殖户亏本；2020年由"弹状病毒"感染导致加州鲈苗种的成活率不足1成；其他的如细菌、真菌、寄生虫、有害藻类以及水质及营养引起的疾病的防控也耗费了养殖户大量的时间和精力，导致养殖效益低下甚至亏本。因此，如何通过科学的防控降低疾病的发生率及死亡率，提高养殖户的经济效益变得非常重要。

实际上鱼病的发生是有征兆的，是有规律可循的。及时对鱼体进行检查、对苗种进行检疫、对水质进行调节、对体质进行强化，使用科学的方法对疾病进行预防，可以在很大程度上降低鱼病的发生率，减少养殖户的损失。

一、鱼病的发现、预防及治疗

（一）鱼病的发现（建立标准化的鱼体检查流程）

对鱼病进行科学防控的首要前提是准确了解池塘状况，定期对水质进行检测，定期巡塘，看鱼吃食的状态，以及是否有异常游动；观察鱼池上方是否有较多鸥鸟（图2-2）；到下风处观察是否有死鱼或濒死鱼（图2-1）；定期到投饵台及池塘下风处撒网，对池鱼做标准化体检。

1.如何开展水质检测工作

对池水进行检测是确切了解池塘水质状况的主要抓手，检测可用快速检测试剂盒或者水质检测仪。对同一池塘的水质检测应在同一天分上、下午进行，在池塘的上风处、下风处，分别取水面以下50cm及底层的水进行pH值、氨氮、亚硝酸盐、硫化氢、溶解氧的检

图2-1　示缺氧后池塘下风处有
大量泡沫，小杂鱼、白鲢死亡

图2-2　池边出现大量鸥鸟说明池塘鱼
可能正在发病，需高度重视，及时查看

测，在检测水质的同时还需要关注浮游动物的数量（图2-3），对水色也要进行观察。综合水质指标、水色等判断池水的情况，给出相关调控建议。

除了以上检测内容，还可以在午后1～3点观察池塘表面，看是否有气泡及淤泥上翻（图2-4），底部残饵、粪便较多，底质恶化时会有气泡夹杂淤泥上翻；在重点区域如投饵台用竹竿等工具插入池底，判断淤泥厚度，观察上翻的泥浆的颜色及气泡的数量，也可以作为判断池塘底部状况的依据。

图2-3　水质检测时还需关注
浮游动物的量

图2-4　中午观察池塘表面，发现有大量
气泡上翻，表示池底恶化

2.如何巡塘

巡塘的目的是通过在池边查看水色、鱼摄食及活动情况、死鱼及濒死鱼的情况等，提前发现问题。

巡塘的时间：早、中、晚、凌晨各巡塘一次，早晨主要观察池塘下风处是否有鸟、是否有死鱼、是否有濒死鱼，用白色的容器盛池塘边上的水观察是否有大量活泼运动的虫体、是否有浮头等情况；中午主要观察鱼的摄食情况、水色的变化情况，如上午使用了鱼药，应在用药后的 1 ～ 2h 内密切关注鱼的活动情况；傍晚主要观察鱼的摄食情况、池塘下风处藻类情况，是否有漂浮的粪便等；凌晨重点观察鱼类的活动情况，是否有缺氧等，可用手电照射水面，听是否有鱼惊吓后逃逸的"哗"声。

3.如何建立标准化的鱼体检查程序

鱼体的检查分为体表和体内检查两种，可按照下列顺序进行：鳃丝的颜色（黏液状况）→吻部→眼球→鳃盖→体表→鳍条→肛门→鳃丝（镜检）→内脏→消化道→血液。

（1）鱼体表检查 对鱼体表进行检查首先是从鳃丝颜色及状态开始。捞到濒死鱼后应第一时间打开鳃盖观察鳃丝颜色及鳃丝状态。患"大红鳃"病的濒死鱼捞出水面后不久（约30s），鳃丝颜色即由鲜红变成暗红，极易造成误诊，因此需在第一时间对鳃丝颜色进行观察（图2-5）；体表或体内大量出血的鱼、造血器官如肝胰脏病变的鱼鳃丝颜色会变淡、发白；寄生虫寄生后鳃丝黏液会异常分泌，鳃丝肿胀、溃烂（图2-6）；观察鳃部是否有明显寄生虫，比如中华蚤、钩介幼虫等；然后检查吻部，主要看吻部是否发白（车轮虫或细菌），是否充血或出血（溃疡），是否有锚头蚤或者鱼怪寄生于口腔等（图2-7）。其次是检查鱼的眼睛，看眼球是否突出或凹陷、眼球是否发白或有白点（细菌感染或双穴吸虫寄生，图2-8）、眼球基部是否有出血点等；再者检查鱼的鳃盖，可通过手指触摸鳃盖感受是否粗糙（维生素或营养缺乏可导致鳃盖粗糙）、是否"开天窗"（细菌性烂鳃可导致鳃盖开天窗，图2-9）、是否有鱼虱及扁弯口吸虫等（图2-10）；然后检查鱼的体表，看体表是否有明显的伤口（赤皮、疖疮、打印等，图2-11），以及是否有明显的寄生虫，如锚头蚤、鱼虱、孢子虫等（图2-12），是否鳞片竖立（竖鳞病或者波豆虫感染）、腹部是否膨大（寄生虫或腹水）、鳞片内是否有气泡（气泡病，图2-13）及鱼体表的黏液多少等；检查鱼的鳍条特别是尾鳍，看鳍条末端颜色是否发白或发黑（发黑可能是中毒或者寄生虫感染、发白则可能是

图 2-5　2020 年江苏高邮黄颡鱼暴发性死亡
示鳃丝颜色的变化

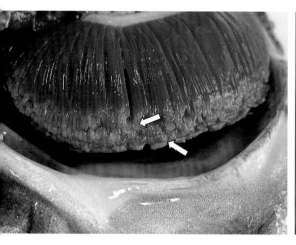

图 2-6　少量中华蚤即可导致鳃丝溃烂

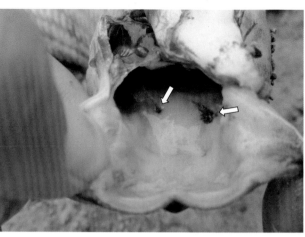

图 2-7　锚头蚤寄生于口腔中

图 2-8　双穴吸虫寄生后可导致病鱼眼球脱落

图 2-9　细菌感染导致的鳃盖后缘出血

图 2-10　扁弯口吸虫寄生于
　　　　鳃盖旁的肌肉中

图 2-11　患赤皮病的团头鲂
　　　　体表鳞片脱落

图 2-12 吉陶单极虫在建鲤体表形成的孢囊

图 2-13 患气泡病的青鱼的尾鳍

图 2-14 阿维菌素中毒导致鲫的
各鳍条末梢发黑

图 2-15 肝胰脏病变导致鲫的尾鳍末梢发白

图 2-16 嗜子宫线虫寄生于锦鲤的尾鳍

图 2-17 患细菌性败血症的
鲫鳍条基部出血

肝胰脏病变或者鱼有大量出血，如图2-14和图2-15所示）、是否有气泡以及鳍条内是否有嗜子宫线虫等（图2-16，图2-1）。最后根据检查的结果对鱼体状况做出初步判断。

体表检查的重点是：①体表是否完整（图2-11、图2-18）；②体表是否有溃疡；③体表是否有絮状物（水霉或者纤毛虫寄生会导致体表出现絮状物）；④头部是否有凹陷（图2-19）；⑤鳞片是否缺失；⑥黏液是否异常；⑦鳞片是否凸起；⑧鳞片内是否有大型寄生虫（图2-20）；⑨体表是否有包囊或凸起（图2-21）；⑩脊椎是否弯曲等。

图2-18　患爱德华菌病的斑点叉尾鮰
幼鱼头部开裂

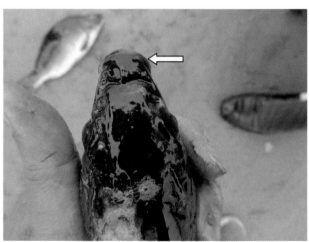

图2-19　鲤鱼疱疹病毒病导致的头骨萎缩

图2-20　嗜子宫线虫寄生于锦鲫鳞片下

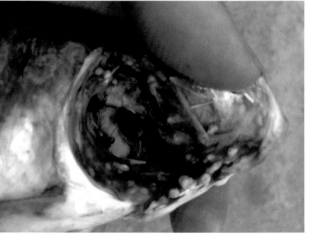

图2-21　扁弯口吸虫寄生于鲫的浅肌层

鳍条主要检查：①末端颜色（图2-14和图2-15）；②是否完整；③是否有气泡（图2-13）；④是否有线状虫体等（图2-16）。

检查肛门时主要看：①颜色；②是否红肿外凸（图2-22）；③有无拖便等（图2-23）。

（2）进行鳃部的显微镜检查　这个过程涉及两个标准化操作，分别是"鳃丝水浸片制作"的标准化及"显微镜使用"的标准化。

图2-22 患肠炎病的长吻鮠肛门红肿

图2-23 感染弹状病毒的加州鲈苗
出现拖便

① 鳃丝水浸片的制作步骤

a.准备好数片干净的载玻片。

b.从3部位（图2-24）剪取适量鳃丝，放置于载玻片上。

c.用剪刀将鳃丝推到载玻片中间，再用胶头滴管滴一滴生理盐水（或纯净水）到鳃丝上。

d.将盖玻片贴着载玻片边缘轻轻往下放，直至接触到鳃丝。

e.轻压盖玻片，使鳃丝均匀分布。

鳃丝水浸片制作过程中需注意选取鳃丝的部位及数量以及压片的力度等，鳃丝剪取过多、按压不当、盖片过快都会影响观察结果。

② 显微镜的操作步骤

a.插上电源，观察是否通电。

b.将制作好的鳃丝水浸片置于载物台上，用夹子固定好。

c.调节粗准焦螺旋，将物镜调节至离载物台最近处。

d.调动粗准焦螺旋，将载物台逐渐向下移动，同时观察目镜，直至看见物体。

e.调动细准焦螺旋，直至观察到清晰的图像。

在显微镜的使用中，还需要注意光圈等部位的调节，否则可能由于进光量过多，视野较亮而无法观察到清晰的图像（图2-25）。

重点观察寄生虫及鳃丝状况。选取的鳃丝应当是鳃弓两侧的［最好是部位3（图2-24）］，这里的鳃丝比较容易附着寄生虫。常见的寄生虫可以通过镜检发现，如指环虫、三代虫、车轮虫、小瓜虫、斜管虫等；鳃丝的状况可作为评价鳃部是否病变的重要指标，如发现鳃丝有血窦时需要及时消毒处理（图2-26）。

（3）对鱼进行内脏检查（解剖观察） 腹腔的解剖必须小心仔细，先在肛门前0.5cm处纵向剪一小口，从小口处沿着腹中线往前剪至胸鳍基部，再从肛门前小口处沿腹腔边缘剪

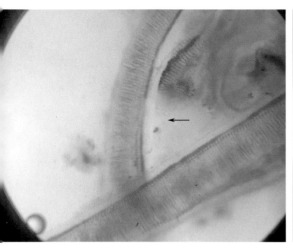
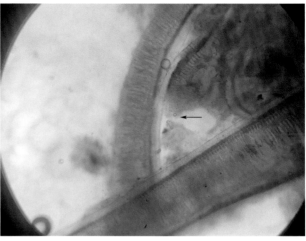

图 2-25　同一视野下的显微图片

右图为调小光圈后的图像

图 2-24　鳃丝镜检应选取 3 部位的鳃丝

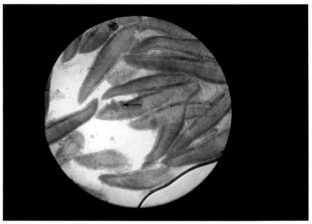

图 2-26　通过镜检可发现初期的烂鳃

至鳃盖后缘，掀掉大侧肌，露出完整的内脏团（图2-27）。首先观察腹腔内：①是否有腹水及腹水颜色（竖鳞病、大红鳃等疾病发生后腹腔内有大量腹水）；②是否有面条样的绦虫（舌形绦虫个体较大，可撑破肠道，进入腹腔，如图2-28所示）；③观察肝胰脏及鳔（图2-29）的颜色等，某些病原如诺卡菌感染后可在肝胰脏表面形成白色结节（图2-30），而鲤春病毒病可导致鳔严重充血，通过对重点部位的观察可为诊断提供依据。

观察要点如下所述。

肝胰脏：颜色、形状、大小、是否出血、是否有结节。

脾脏：颜色、大小、是否有结节。

肾脏：颜色、大小、是否有结节。

鱼鳔：是否完整，出血形态等。

图 2-27　掀掉大侧肌，可对内脏团进行观察

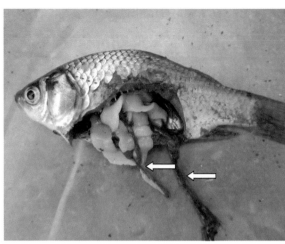

图 2-28　舌形绦虫可进入腹腔

图 2-29　患鳃出血病的鲫鱼鳔点状出血

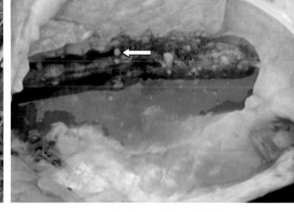

图 2-30　感染诺卡菌的加州鲈的肾脏
出现白色结节

（4）最后对血液、肠道壁刮液及后肠粪便进行检查

观察要点如下。

消化道检查：观察消化道是否出血或有溃疡；有没有肠道套叠；解剖后观察前肠是否有绦虫、棘头虫等寄生虫（图2-31）；对后肠内容物镜检，看是否有变形虫、肠袋虫等（图2-32）。

血液：制作血涂片镜检，看是否有锥体虫等。

肌肉：一些寄生虫的囊蚴会寄生在肌肉中，形成肌肉穿孔，也会造成鱼类死亡（图2-33）。

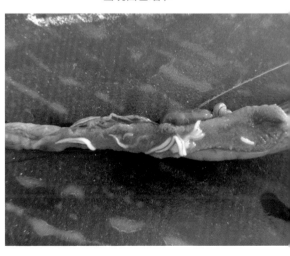

图 2-31　棘头虫寄生于黄鳝前肠内

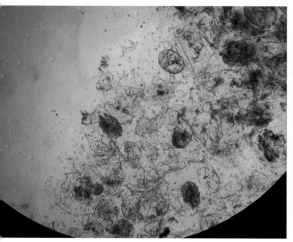

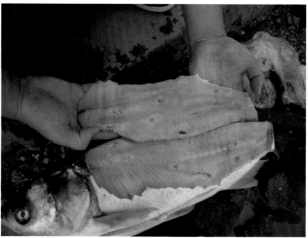

图 2-32　鲫鱼水花肠道内容物镜检图　　　图 2-33　复殖吸虫囊蚴寄生后导致白鲢肌肉穿孔

（5）鱼体检查时的注意事项

① 最好在塘口对鱼体（濒死鱼）进行现场检查（送检可能误诊）。

② 疾病诊断时要对濒死鱼进行检查，检查健康鱼没有意义（濒死鱼一般会在池塘下风处或者进排水口处，早晨溶解氧不高时更易发现；如果找不到濒死鱼，死亡时间不超过1h的新鲜死鱼也可以作为参考依据）。

③ 除了对鱼体（濒死鱼）进行检查外，还需对养殖情况、发病情况进行询问了解。

（6）同时需要关注点

① 水质状况　水质状况尤其是藻类状况及溶解氧状况对外用药物的选择有重要的指导意义。

② 吃食情况　水生动物的吃食情况可以作为病情判断的辅助依据，一般情况下发病后水生动物摄食会下降。

③ 濒死鱼数量的变化　用于判断治疗效果。有些疾病在治疗后的2～3天内会出现暴发性的死亡，影响技术人员对方案正确与否的判断，而通过濒死鱼数量的变化可以很好地判断方案是否正确：若濒死鱼数量减少，即使死鱼数量增多，也认为是对症有效的。

④ 死鱼数量的变化　用于病程的判断。通过连续数天死鱼数量的变化，可以判断病程的发展情况，一般水生动物发病后，死鱼数量会经历上升、平稳、下降等阶段。

⑤ 死鱼的种类　用于病原的判断。由细菌感染和由病毒感染引起的疾病发病特点不同、处理方法不同、注意事项不同，因此在对疾病处理前需对病原进行确定。病毒对寄主有较强的专一性，一般只会引起池塘中某一种鱼类出现死亡，而细菌的感染具有广泛性，可同时引起数种甚至所有鱼类出现死亡，若池塘中同时出现三种及三种以上的鱼类死亡，则基本可认为是由细菌感染或者缺氧引起的。

⑥ 用药情况及效果　大部分的疾病在对症用药3～4天后达到死亡高峰，然后死鱼数量逐步回落。通过死鱼数量的变化、濒死鱼数量的变化判断用药效果，并根据结果调整处理方案。

⑦ 常用药物的记录　很多地区仍存在投喂抗生素预防鱼病的习惯，而频繁使用某种抗生素会导致耐药性的产生，效果降低。因此在给出处理方案前，需对用药记录进行查看，常用的药物在治疗疾病时应换成其他药物或加大药量或联合用药，否则可能达不到预期的治疗效果。

（二）鱼病预防

鱼病的诱发因素较多，如苗种带毒、低溶解氧胁迫、投喂不当造成的体弱、寄生虫叮咬后继发细菌感染等，通常来讲，病原及诱发因素同时存在时，鱼病就会更容易暴发。因此，鱼病的预防应从养殖中的细节入手，以各类疾病的诱发条件为抓手，提前对各关键节点做调整，才能取得较好的效果。

1.做好鱼病预防的要点

（1）**科学投喂**　通过控制合适的投饵率，投喂营养配比科学的饲料，保证鱼体有充足的营养摄入，从而保证免疫器官的正常运转。科学投喂、投喂营养配比科学的饲料是维持机体健康的关键和核心。

（2）**水质调节**　合理施肥是手段，藻类是核心，溶解氧是关键，正确改底是重点。

（3）**体质提升**　主要是提升肝胰脏的功能。肝胰脏是重要的免疫器官，其功能的提升可以提高非特异性免疫力，充足、合理的营养摄入是维持正常肝胰脏功能的关键，免疫增强剂或者护肝类药物是辅助。

（4）**底质改良**　通过底质的改良，缓慢释放底泥营养，避免水体对流时瞬间释放大量病原及有机质。

（5）**寄生虫的预防**　寄生虫可造成鳃部黏液过多，影响呼吸；通过叮咬形成伤口，细菌从伤口处入侵形成继发感染，是多种疾病的重要诱因。

（6）**伤口的处理**　伤口是病原入侵的重要途径，而伤口可能来自于消化道、体表、鳃丝等部位。

（7）**选择优质苗种**　对苗种进行特定病原的检疫，选择无特定病原（SPF）苗种。

2.做好水质调节是鱼病预防的基础工作

养鱼先养水，一池好水对于鱼的健康生长非常重要，良好的水质可以为花鲢、白鲢等滤食性鱼类提供充足优良的饵料，还可以给水体提供丰富的溶解氧，而充足的溶解氧对于鱼的生存、池底废物的分解，以及整个池塘能量的流动都是至关重要的。

目前水质调节的方法有以下几种：

（1）**合理的鱼种搭配放养，科学施肥**　充分利用花白鲢摄食浮游动植物的特性，合理搭配白鲢与花鲢的比例，足量、多次施放发酵的有机粪肥等。

不同养殖阶段使用的肥料种类、配比是不同的，养殖前期池塘中为新水，所有肥料都缺乏，此时期应以氮肥为主、其他肥料为辅，随着养殖的不断进行，残饵、粪便不断沉积，池塘中的限制性肥料变为磷肥、碳肥及微量元素等，养殖后期施肥应以磷肥、碳肥及微量元素肥为主。

（2）刮食性鱼类的合理放养　细鳞斜颌鲴等鲴类可以清除池底残饵及部分污泥，适量套养对于养殖中后期池塘水质的稳定有重要作用。

（3）增氧器械的合理使用　增氧机的使用要注意"三开两不开"，"三开"指晴天中午开增氧机、阴天次日清晨开、连绵阴雨半夜开；"两不开"指傍晚不要开增氧机，阴雨天中午不要开增氧机（图2-34）。

图 2-34　不同类型的增氧机使用场景不同，增氧效率也有区别

（4）利用微生态制剂对水质进行调节　这里涉及微生态制剂的选择问题。通常使用的微生态制剂有这样几种：光合细菌、芽孢杆菌、乳酸菌、硝化细菌、EM菌、丁酸梭菌等，使用时需注意各种菌种的特性。光合细菌属于自养厌氧菌，需在天气晴好时使用；芽孢杆菌属于异养好氧菌，需在水体较肥、溶解氧充足的时候使用；乳酸菌属于异养兼性厌氧菌，可在池水较肥、有机质含量较高时使用；硝化细菌属于异养好氧菌，使用时也要注意增氧；市面流行的EM菌品牌众多，质量参差不齐，使用前需要甄别。值得注意的是，根据农业农村部的新规，以上的微生态制剂大多属于饲料添加剂范畴，可以用作内服，外泼的微生态制剂被纳入兽药监管，生产企业需有兽药生产资质。

（5）通过换水对水质进行调节　当池塘水质发黑、发臭或者出现药物中毒时，换水可以取得较好的效果。不过需要注意的是鱼生病或体弱时严禁换水，否则换水造成的应激可能会造成更大的死亡。发病期不动水是鱼病治疗中的基本原则（图2-35）。

3. 寄生虫病的预防

鱼类的寄生虫主要分为单殖吸虫、复殖吸虫、甲壳类、纤毛虫、原虫、线虫、绦虫等几大类很多种，但很少有寄生虫的所有寄生阶段都是在鱼体上的，有些寄生阶段需要在水中通过腐殖质存活。因此，控制好水质是防治寄生虫病的前提。

目前养殖户对于寄生虫病的预防方法以定期泼洒杀虫剂为主，用药不够精准，对水质的影响也大。实际上对寄生虫病的预防，应该根据寄生虫的寄生特点来进行，首先需了解在哪些情况下寄生虫会高发。

| 图 2-35　鲤鱼疱疹病毒病发病时的水色 | 图 2-36　投饵机前大量底泥上翻说明池底有机质较多 |

（1）**雨后**　暴雨或者连绵阴雨天气是寄生虫的易发时期。这主要是因为雨水温度较低，降落到池塘后会快速下沉，从而导致水体对流，池底上翻，池塘底部的有机质、虫卵等会被快速大量释放（见图2-36），形成了寄生虫感染的病原条件。同时连绵阴雨光照较弱，藻类光合作用不足，溶解氧较低，鱼类摄食降低、体质变弱，这也为寄生虫病的发生提供了条件。

（2）**水温变化较大时（清明前后）**　春季尤其是清明前后，水温快速回升，雨水较多，水体对流频繁。水温变动过大容易使鱼类进入应激状态，给寄生虫的寄生提供了条件。该阶段是寄生虫病的高发期。

（3）**底质较差的池塘**　长期不清塘或清塘不彻底的池塘、投喂量过大的池塘、施用未经发酵粪肥的池塘，池底会沉积有大量的残饵、粪便及虫卵等，在条件合适时如水体对流时虫卵会被集中释放，形成寄生。

（4）**苗种质量较差，携带特定病原**　有些寄生虫在苗种阶段即可被携带，如异育银鲫水花可携带洪湖碘泡虫，南美白对虾幼体可携带肝肠胞虫。通过对特定病原的检测，可以提前知晓苗种携带寄生虫的情况，结合清塘等工作，从源头上降低寄生虫病的发生率。

（5）**鸥鸟较多的地区**　鸥鸟是多种寄生虫传播的重要媒介。其通过排便将虫卵带入未发病池塘或从发病池塘转运的濒死鱼掉落到未发病池塘均可造成传播（图2-37）。

（6）**螺类较多的池塘**　螺类（图2-38）是寄生虫重要的中间寄主。其过量生长后，可提高寄生虫的感染概率，同时会大量消耗池塘中的溶解氧和吸收水体中的营养物质，对鱼类的生存不利。

（7）**清塘不彻底的池塘**　养殖结束后不清塘或清塘不彻底，都会导致池塘中的病原持续存在，为各种疾病的暴发留下隐患。

（8）**体质较弱时**　鱼类会在溶解氧低下、投喂不足或营养不良时体质变弱，非特异性免疫力下降，这个阶段是各种病原入侵的重要时期。

（9）**水丝蚓较多的池塘**　水丝蚓是孢子虫重要的中间寄主，水丝蚓较多及大量使用鸡粪肥水的池塘，发生孢子虫病的概率较高。

图 2-37 鸥鸟是寄生虫的重要传播途径　　　图 2-38 螺是多种寄生虫的重要中间寄主

寄生虫病的预防措施：

（1）**彻底清塘**　养殖结束后，排干池水，将池塘底部暴晒1个月以上，以晒至龟裂为好（图2-39）。

放苗前彻底清塘，生石灰是最好的清塘药物，使用量为每亩250～300kg，兑水后趁热全池泼洒，池底及池梗均需泼洒。

茶籽饼、清塘剂的功效主要是清除池塘中残存的鱼类，对大部分病原没有杀灭作用，发过病的池塘清塘药物不要选择茶籽饼或者清塘剂，应该使用生石灰或者漂白粉。

（2）**控制螺类等中间寄主的数量**　椎实螺较多的池塘，可以在池塘中套养适量青鱼，以控制椎实螺的数量。如果螺类已经大量生长，可以通过青草诱捕的方式逐步清除。

（3）**驱赶鸥鸟**　鸥鸟可以传播病原、摄食鱼苗，驱赶鸥鸟是每个养殖户需要面对的难题。常见驱赶鸥鸟的方法有：投饵区上方设置防鸟网、投饵时放鞭炮、投饵区放置稻草人、投饵区布置光碟等。还要注意池塘周边的杂草及树木可吸引鸥鸟栖息，应予以清除。

另外，鸥鸟是保护动物，切勿伤害。

图 2-39 池底清淤及晒塘是非常必要的工作

（4）**对苗种进行特定病原的检疫** 通过对苗种检疫，弃养携带特定病原的苗种可以从源头上保证养殖的成功率。如在购买异育银鲫苗种前，可对其是否携带有洪湖碘泡虫（喉孢子虫病的病原）及鲤鱼疱疹病毒Ⅱ型（鳃出血病的病原）进行检疫，确保苗种健康。

（5）**控制池塘中的有机质** 有机质分解时需要大量消耗溶解氧，分解后的产物还可以给纤毛虫及细菌提供营养，促进有害病原的生长。

当池水透明度低、有机质含量高。水色发黑发暗时，应对有机质进行处理。

（6）**做好改底工作** 可防止底泥中虫卵集中释放。在重要的时间节点强化底质，比如下雨前一天、进水前一天等，通过对池底的提前处理，可降低水体对流时有害物质的集中释放。

（7）**雨后、气温变化较大、周边发现特定寄生虫时重点预防** 除了根据易感的天气、时间节点来对寄生虫进行预防外，还可以结合周边寄生虫发生情况进行精准预防。如周边普遍发生某种寄生虫感染时，可以针对该寄生虫进行重点预防。

预防的方法很多，较为安全的是在投饵区使用敌百虫挂袋，同时内服中草药如槟榔雷丸散、百部贯众散等。

（8）**套养扣蟹、黄颡鱼等，控制水丝蚓** 通过生物防控，切断寄生虫的生活史也是对寄生虫预防的重要方法之一。如孢子虫的中间寄主水丝蚓，除了通过彻底清塘对其进行杀灭外，还可以在池塘中套养适量的黄颡鱼、扣蟹等，通过它们喜食水丝蚓的习性降低水丝蚓的丰度。

通过外泼杀虫剂预防寄生虫风险较高，杀虫剂的毒性与水温、水体肥度及养殖品种关系密切，使用错误极易造成医疗事故，通过药物内服防控寄生虫将是未来的趋势。

4.细菌性疾病的发生原因与预防

淡水鱼的病菌几乎都是条件致病菌，当鱼体受伤或者体弱时更容易感染。

细菌性疾病的发生与下列三个因素有关：

（1）**入侵途径的形成** 体表（鳃丝）及消化道的伤口是细菌入侵的主要途径。体表的伤口一般与寄生虫的叮咬（图2-40）、抢食时的挤压、进水时的狂游等有关，消化道的伤口与饵料适口性差以及肠道寄生虫的感染等有关（图2-41）。

图2-40 锚头蚤叮咬处继发细菌感染　　　图2-41 棘头虫寄生处继发细菌感染

（2）**病原丰度**　养殖池塘的底泥及水体中存在着大量的致病病原，尤其底泥中含量较高。某些特定时间节点如暴雨后、进排水时，会导致水体对流，底泥上翻，病原及有机质等短期内被大量释放，形成了细菌感染的病原条件。

（3）**免疫力下降**　保持鱼体健康、免疫机能正常是鱼病预防的要点之一。肝胰脏是鱼类最大的免疫器官，其状态决定着非特异性免疫的能力，长期过量或少量投喂、水体缺氧、肠道吸收不佳等都可能导致鱼体体质变弱，肝胰脏机能下降，免疫力低下，易发疾病。

细菌性疾病的预防：

（1）**建立标准化鱼体检查规范，发现伤口及时处理**　通过建立标准化的鱼体检查规范，定期对鱼体进行详细的检查对防止疾病的暴发有重要意义。通过对鱼体的检查，可以提前发现问题，处理微小伤口，避免持续感染后加深直至发病。近几年暴发的越冬综合征与越冬期的鱼体检查缺失有很大的关系。

（2）**进水后及时消毒处理**　鱼有逆水游动的天性，池塘进水时（尤其是长期没有进水的池塘进水时）鱼会大量聚集在进水口处快速游动，身体与池边摩擦，形成伤口，为细菌的入侵提供了路径。因此在进水后应及时消毒1～2次，可促进伤口恢复，防止细菌继发感染。

（3）**暴雨前改底，雨后消毒（高温期）**　暴雨会导致水体对流，池底病原集中大量释放；有机质也被大量释放，溶解氧快速下降；鱼类在暴雨时狂游，受伤概率提高，夏季暴雨后细菌性败血症大量发生就是这个原因。根据这些情况在雨前对池底进行处理、雨后及时对水体消毒可以很好地预防细菌性疾病的暴发。

（4）**重点做好锚头蚤等甲壳类寄生虫的防控**　甲壳类寄生虫个体较大，通过叮咬、撕破皮肤等方式在鱼体造成伤口，极易继发细菌感染，高温季节花白鲢的细菌性出血病大多由锚头蚤诱发。一旦发现锚头蚤等甲壳类寄生虫应及时处理。

（5）**做好消化道的检查**　消化道溃疡及肠道寄生虫造成的伤口都是细菌入侵的重要途径。在对鱼体进行检查时，对消化道的检查非常重要。可通过对胃、肠道解剖观察，看胃壁、肠壁是否有溃疡，前肠重点观察是否有绦虫、棘头虫等，后肠主要对粪便或内容物进行镜检，看是否有肠袋虫等。

图2-42　大量漂浮的粪便提示消化不良

（6）**投喂适口饵料，保证合适的投饵率，改抛投式投饵机为风送投饵机**　过量投喂、投喂适口性差的饵料都可能导致肠道受损，诱发肠炎。养殖过程中发现有较多粪便漂浮时（图2-42）应适当降低投饵量，同时拌服氟苯尼考或发酵饲料（或者乳酸菌/丁酸梭菌）。条件允许时，改抛投式投饵机为风送投饵机（图2-43），可以扩大投饵面积，让鱼摄食更均匀，投饵区溶解氧也更丰富，亦可降低肠炎的发生率。

（7）**水温较低时、投喂较高时、加量投喂时、拌服乳酸菌或者发酵饲料，保持肠道健康**　根据水温合理调整投饵率，通过优质乳酸菌或者发酵饲料的拌喂提高肠道有益菌含量，维持良好的消化道状态是春末鱼类投喂管理尤其是有胃鱼投喂管理的重要内容。通过控制投料、拌服乳酸菌或者优质发酵饲料可以大大降低斑点叉尾鮰"套肠病"的发生率。

（8）投喂初期、投喂高峰期加量投喂保肝药，维持肝胰脏机能正常，保证消化效率　饲料的消化需要消化液的参与，而消化液主要由肝胰脏分泌。因此在投喂初期、投喂高峰期等关键节点，应重点强化肝胰脏机能，保证消化效率，从而保证鱼体有足够的营养供给。

（9）病死鱼无害化处理　病死鱼携带有大量的高致病性病原，是疾病传播的重要源头。在某些养殖集中区，有人专门从事病死鱼的打捞工作，打捞后的病死鱼或烘干做成鱼粉作为原料返添至饲料中；或运输到其他地区用作河蟹、甲鱼等肉食性动物的饵料，不管哪种做法，都会造成病原的传播和流行，应严加禁止。

图2-43　两种投饵机投饵面积不同

应严格按照《动物防疫法》的要求，对病死鱼进行无害化处理。

对细菌性疾病的预防是一个系统化的工作，需从养殖本身出发，关注养殖动物及养殖过程，形成系统化的方案，才能取得较好的效果。而目前对细菌性疾病的预防方法主要是定期泼洒消毒剂、内服抗生素，这样的做法针对性不强，对养殖环境的破坏也很大。不同的季节、温度，主要流行的疾病是不同的。在鱼容易受伤、水质容易恶化的季节，应该勤预防，比如鱼繁殖后、拉网后、暴雨后及周边大规模暴发出血病的时候。而平时预防的要点是通过饲料投喂调控鱼的体质，选用合适的饵料，添加黄芪多糖等免疫增强剂，通过激发鱼体自身的免疫机制来抵御疾病，才是健康养殖的根本保证。这里需提及的是，用疫苗预防细菌性疾病将会成为趋势。

5.病毒性疾病的预防

水生动物病毒病的主要传播途径有如下几种。

（1）水源传播　大部分水生动物病毒病都可以通过水源传播。发病池塘的尾水未经处理直接排放后被健康池塘抽入，可导致健康池塘的鱼类发病。这就是进排水系统没有分开设置（图2-44）的养殖地区鱼类发病后呈现区域性暴发的原因。

（2）苗种带毒　垂直传播。亲本通过繁殖将病毒传给子代的情况在水生动物中较为常见，苗种带毒已经成为常态。如感染了鲤鱼疱疹病毒Ⅱ型的异育银鲫母本繁殖后可将病毒传播给子代，在养成过程中条件合适时病毒快速增殖引起发病。

图2-44　病原可随着池塘水体的交换而传播

对苗种进行特定病原检测、购买SPF苗种可从源头上保证养殖的成功率。

（3）**工具、带毒寄主传播**　发病池塘用过的捞海、擦拭池壁时戴的手套以及拉网的网具等都可能成为病毒传播的工具。不同养殖池塘使用的工具应单独配置，分开放置。

异育银鲫鳃出血病池塘中套养的花白鲢被转运到其他池塘继续养殖，也会造成病毒传播。

（4）**濒死鱼传播**　将濒死鱼等带毒鱼打捞后冷冻保藏，后转运至其他养殖区用作河蟹、甲鱼等的饵料，该过程会造成病毒的传播，引起当地的易感鱼类发病。

（5）**食源传播**　凶猛的肉食性水生动物有相互残食的习性，发病后的个体会被健康个体残食，此过程会造成病毒传播。如健康虾摄食带毒虾。

图2-45　投饵时鱼接触频繁，病原快速传播

白斑综合征是一种对南美白对虾危害严重的病毒性疾病，发病初期无明显异常，但有摄食减少的现象，这是健康虾摄食病虾的结果。据不完全统计，一只病虾会被数十只健康的虾分食，而能够抢食到发病虾的个体通常较大，所以南美白对虾白斑综合征发病后传播速度快，死亡率高，死亡个体大。

（6）**接触传播——投饵区**　投饵时鱼类集中度高，相互接触频繁，成为了病毒传播的重要区域。如图2-45所示。

传统的投饵机抛投面积小，投饵区密度高，鱼类相互挤压接触非常频繁，带毒鱼更容易在抢食时将病毒传播给健康鱼，一旦遭遇不良的生长环境如低溶解氧胁迫时，病毒就会暴发。

病毒性疾病的预防思路：

（1）**在敏感温度到来前投喂抗病毒中草药或免疫增强剂**　病毒性疾病的预防涉及的细节点较多，可以根据病毒病的发病特点来设计预防方案。由于病毒病对水温较为敏感，只在一定的温度范围内发病，所以可在病毒病敏感温度到来前2℃开始投喂抗病毒中草药或者免疫增强剂，通过10～15天的投喂，提前强化鱼的体质及免疫力，在敏感温度到来时正好达到最佳的免疫状态。如异育银鲫"鳃出血病"的发病敏感温度为18～28℃，可在低温16℃或高温30℃时即开始投喂免疫增强剂。

（2）**强化肝胰脏功能**　提升非特异性免疫。免疫尤其是非特异性免疫在水生动物病毒病预防中起到了重要作用。肝胰脏是鱼体重要的免疫器官，其机能状态决定着非特异性免疫力的强弱。良好的肝胰脏机能与科学投喂关系密切（适量投喂配方科学、营养均衡的饵料），在做好投喂的同时还需定期对肝胰脏进行检查；另外还可以通过多糖类药物如黄芪多糖等的添加提升免疫力，提高抗病力。

（3）**低溶解氧胁迫对病毒病的暴发起到重要的促进作用**　如苗种带毒、环境带毒，则在低溶解氧胁迫状态下，病毒极易快速增殖引起发病。因此维持溶解氧稳定、对特定区域增氧是预防病毒性疾病的重要举措。

溶解氧主要来自于藻类及其他植物的光合作用，而消耗的去处较多，如养殖动物的消耗、螺类等软体动物的消耗、底栖生物的消耗、浮游动植物夜间的消耗、细菌分解有机质时的消耗等。这就要求水质检查时除了对常规水质指标进行检测外，还需对水体中的浮游动物、软体动物等数量进行关注。另外在投饵区、捕捞区等重点区域架设底层微孔增氧也可确保重点区域溶解氧充足稳定（图2-46）。

图2-46　投饵区增氧意义重大

（4）切断或减少接触　根据病毒可通过接触传播的特点，针对投饵区鱼类接触频繁且溶解氧较低等实际情况，通过改变投饵方式，将传统的抛投式投饵机改为风送投饵机，并在风送投饵机的投饵区加装增氧机或推水机，以及通过在南美白对虾养殖池塘套养草鱼（通过草鱼摄食发病虾，从而避免发病虾被健康虾摄食）、对各池塘的工具等进行专塘专用等，减少鱼类的接触，切断病毒的传播途径，也可以减少病毒性疾病的暴发。

（5）加强对苗种的检疫　加强对苗种的产地检疫，强化对特定病原尤其是病毒的检测，弃养带毒苗种，可从源头上提高养殖的成功率。

（6）彻底清塘，不留死角　清塘是水产养殖的基础工作，在一季养殖结束后，对池塘中残存的水生动物、病原进行彻底杀灭，为来年的养殖提供良好的条件。由于养殖过程中积累的病原可存在于池塘中的任何部位，这就要求清塘要全面、彻底，池底、池梗都需泼洒足量的清塘药物，确保不留死角。通过清塘可以很好地清除池塘中的病原包括病毒等。

（7）在病毒病敏感温度前完成苗种投放工作　根据水生动物病毒对水温敏感的特点，除了在敏感水温到来前提前投喂免疫增强剂外，还应该避免在病毒病敏感温度内捕捞、运输鱼种。购买鱼种前，最好能对鱼种的养殖过程做一了解，不要购买发生过特定疾病的鱼种，条件允许时，在捕捞前10天对鱼体质进行强化。一旦进入到病毒病的敏感水温，尽量不再捕捞、运输、投放鱼种，否则发病的概率会很高。

（8）长期未进水的池塘，敏感温度内不要进排水　加注新水是水质调节的常见方法。实际上，池塘加水也是有技巧的，经常加注新水的池塘，加水一般对鱼类是没有不良影响的。而对于长期没有加水的池塘，第一次加水时，往往会引起鱼类在进水口处聚集、狂游，同时局部区域底泥上翻，有机质、病原等瞬间释放，可能引起疾病发生。

尤其要注意的是，在周边大规模发病时或某种病毒性疾病流行温度内，最好不要进排水，很多池塘的发病是由进排水诱发的。

病毒病的流行有着很强的季节性，比如草鱼出血病、鳜鱼出血病、斑点叉尾鮰病毒病主要流行于温度较高的季节，而鲤春病毒病、鲤鱼痘疮病等主要在冬季、春季流行。所以，对于病毒病的预防可以根据季节来进行，在病毒性疾病高发季节，还可以适当使用碘制剂对水体消毒，以杀灭水中病原，降低疾病发生率。另外，疫苗是病毒性疾病的有效预防工

图 2-47　草鱼出血病疫苗注射现场

具，比如草鱼出血病灭活疫苗对于草鱼出血病的预防效果非常不错（图2-47），2020年研发成功的鳜鱼虹彩病毒病疫苗有望解决高发的鳜鱼虹彩病毒病的问题，目前已初见成效。

（三）鱼病的治疗（治疗细节及方法的固定）

鱼病的治疗是一项较为复杂的工作，对疾病进行正确的诊断是基础，在诊断正确的情况下，还需要结合水质检测情况，以及养殖情况包括用药史、养殖品种、死鱼的数量变化、濒死鱼的数量变化等方能开出处方，给出科学的治疗建议。

1.细菌性疾病的治疗

（1）发生细菌性疾病时，需注意的细节

① 尽管摄食状态可能变差，但也不可刻意降低投饵量（保证充足的投饵率从而保证足够的药物摄入是细菌性疾病治疗的关键）。

② 治疗期间不要进排水（进排水可能导致病情加重），治愈后一个星期内禁止进排水（进排水可能导致疾病复发）。

③ 治疗过程中不要肥水尤其是不能用肥水膏类等生物肥肥水（肥水膏同样会给致病菌提供营养，加快细菌的生长）。

④ 所有消毒剂都可用于细菌性疾病的治疗，但在具体选择时还需结合水质及溶解氧情况。

⑤ 治疗前需对甲壳类寄生虫进行检查，如果有甲壳类寄生虫寄生，则需提前杀灭（甲壳类寄生虫寄生时形成的伤口可给细菌的持续入侵提供途径）。

⑥ 抗生素仍是治疗细菌性疾病的重要工具，在实际使用中需要科学引导、精准使用。

⑦ 生产中仍有使用抗生素预防细菌性疾病的情况（一般不建议这样做），治疗鱼病时选择的抗生素应与预防时使用的抗生素有所区别（种类或剂量应有所区别）。

由于抗生素使用的范围不同（每种抗生素能够杀灭的细菌种类相对固定，有对应的抗菌谱），对于一线从业者来讲，可将致病菌分为两类，分别是革兰阳性菌（G⁺）和革兰阴性菌（G⁻），在我国淡水养殖中由革兰阳性菌引起的疾病不多（主要是链球菌病、诺卡菌病），大部分细菌性疾病处理时应该选择针对革兰阴性菌的抗生素（或广谱的抗生素），像青霉素等治疗革兰阳性菌的抗生素应少用或者不用。

一旦确诊为细菌性疾病，还需了解以下几个问题。

① 该池塘近期的用药情况　短期内用过的药物治疗时最好不再使用或要加量使用。

② 养殖户的用药习惯　很多养殖户有在饲料里定期添加抗生素预防疾病的习惯，这些抗生素在治疗时需要加大用量或者更换品种。

③ 要对抗生素有所了解　了解哪些抗生素可以加热，比如庆大霉素就可以加热，而加

热对其药效几乎没有影响；溶解性如何，比如盐酸恩诺沙星的溶解性差于乳酸恩诺沙星，溶解性对使用剂量的确定有指导意义；哪些抗生素可以联合使用，如恩诺沙星与氟苯尼考联合使用毒性加大，应该避免，而恩诺沙星与硫酸新霉素合用可以增强药效，常用于多种细菌性疾病的治疗。

还要注意抗生素的使用剂量（最低抑菌浓度），单独使用某种抗生素与联合使用抗生素的量是不同的；另外不同的抗生素能保持的有效血药浓度时间不同，因此每日需要投喂的次数也是不同的，比如氟苯尼考每天投喂一次即可，而恩诺沙星需要投喂两次才能达到较佳的治疗效果。抗生素的代谢对肝胰脏有一定的伤害，如果肝胰脏较差，则需要首先降低投饵量，同时投喂1～2天保肝药后再添加抗生素。

外用的消毒剂对于细菌性疾病的治疗也是非常重要的，常见的消毒剂包括卤素类消毒剂如强氯精等，碘制剂如聚维酮碘，表面活性剂如苯扎溴铵，醛类如福尔马林、戊二醛等。这些药剂的适用场景有所区别，比如碘制剂药性温和而且利于伤口的愈合，对于鳃病的治疗效果很好；氯制剂大量使用容易灼伤鳃丝，滤食性鱼类投放较多的池塘应少用，否则影响生长；水体肥度对苯扎溴铵的效果影响很大，在水体较肥、有机质较多的池塘需加大用量才能达到理想的治疗效果。

总体来讲，消毒剂在高温时应加大用量，而大部分杀虫剂在高温时毒性会加强，加量要慎重。

（2）细菌性疾病发生后的治疗方法

外用方案：第一天下午使用有机酸；第二天上午，消毒剂全池泼洒，隔天再用一次。

内服方案：若为革兰阴性菌引起的疾病，则需保持投饵量，同时在饲料中添加恩诺沙星（可复配硫酸新霉素）或者氟苯尼考（可复配盐酸多西环素）内服，恩诺沙星一天投喂两次，氟苯尼考每天投喂一次，连喂5～7天；若为革兰阳性菌感染，首先需保持投饵量，同时在饲料中添加氟苯尼考+盐酸多西环素或者磺胺类药物内服，一天两次，连喂5～7天。

2.寄生虫病的治疗

影响寄生虫病治疗效果的因素较多，效果不确切，易复发，需注重方式方法。当寄生虫寄生在鱼体时，它会吸食鱼的血液，此时靠鱼活着，某些生活史阶段又可能游离在水中，依靠腐殖质生存。当寄生虫生活在鱼体时，通过内服驱虫药，让虫体通过鱼血间接摄入药物，然后小剂量泼洒杀虫剂，这样更容易将其杀死。

需要说明的是，让鱼体一条寄生虫都没有是很困难的事，当鱼摄食状态良好，水质状况良好但是有少量寄生虫寄生时，可以不做处理。

从治疗的角度看，寄生虫大致分为以下几类：

① 鞭毛虫（锥体虫、隐鞭虫、波豆虫等）；

② 纤毛虫（斜管虫，毛管虫、小瓜虫、车轮虫、钟虫、杯体虫等）；

③ 孢子虫（球虫、微孢子虫、黏孢子虫、单极虫等）；

④ 单殖吸虫（指环虫、三代虫、锚首虫、本尼登虫、双身虫等）；

⑤ 复殖吸虫（血居吸虫、双穴吸虫、侧殖吸虫等）；

⑥ 甲壳类（中华鳋、锚头鳋、鲺、鱼虱等）；

⑦ 绦虫（鲤蠢绦虫、九江头槽绦虫、舌型绦虫等）；

⑧ 线虫及棘头虫（毛细线虫、嗜子宫线虫、鳗居线虫、胃瘤线虫，长棘吻虫、新棘衣虫等）；

⑨ 钩介幼虫；

⑩ 鱼蛭（尺鱨鱼蛭、湖蛭等）。

寄生虫种类较多，数量庞大，具体处理时可根据种类分别制定方案，比如甲壳类寄生虫可用敌百虫、辛硫磷等杀虫剂进行杀灭；指环虫、三代虫等蠕虫可用甲苯达唑进行处理；车轮虫、斜管虫等纤毛虫可用硫酸铜与硫酸亚铁合剂进行处理，而绦虫类则可以通过内服阿苯达唑或者吡喹酮进行驱除。

需要注意的是，有些寄生虫如小瓜虫危害较大，没有效果确切的治疗药物，受杀虫剂刺激后可在寄生部位形成包囊，危害及处理难度进一步加大。通过肥水促进浮游动物生长后摄食小瓜虫的幼虫从而降低小瓜虫的发病率是推荐的做法。

3.病毒病的治疗

病毒性疾病没有特效药，期望通过 1～2 种药物治愈病毒性疾病短期内仍难以实现，但是注意细节，可以降低病毒性疾病的暴发，减少损失。

疾病发展到一定阶段时，往往都是混合感染，病毒性疾病尤其如此。感染病毒的鱼体质虚弱，很容易被细菌及寄生虫侵袭而引起继发感染。单纯的病毒感染引起鱼大量死亡时应先停料数天，至死亡下降到稳定后再行处理，如果有继发感染，则需要根据各病原的危害程度具体分析后再细化处理。比如"草鱼出血病"继发嗜水气单胞菌感染，若死亡主要由病毒引起，可先停料 3～5 天，待死亡下降到稳定后外用聚维酮碘、内服板蓝根加免疫增强剂及恩诺沙星进行治疗。

（1）病毒性疾病暴发后，需注意的事项

① 适当降低投饵或停止投饵 3～5 日（停料可降低鱼的接触从而降低病毒的传播）。

② 发病期间禁止进排水，治愈后的一个星期内禁止进排水。

③ 消毒剂以碘制剂最为安全，其他消毒剂如二氧化氯、苯扎溴铵、二硫氰基甲烷等使用后短期内会引起鱼暴发性死亡。

④ 病毒病没有特效药，防止细菌的继发感染，是治疗时需考虑的重要因素。

⑤ 治疗过程中不要施肥尤其不能使用化肥肥水。

（2）具体治疗思路

外用方案：第一天下午使用有机酸；第二天上午，优质碘制剂泼洒，隔天再用一次。

内服方案：死亡快速增加时停止投料，停料至死亡量下降到稳定后从正常投饵量的三分之一开始恢复投喂，同时添加板蓝根（金银花）、维生素、牛磺酸（液体甜菜碱等）、恩诺沙星（视继发感染细菌的情况）等，连喂 5～7 天。

4.真菌（水霉病）的治疗

真菌感染也可引起鱼类发病，且由于发病水温低，鱼类摄食少，治疗难度大。水霉病为继发性的真菌感染，必要的致病条件为体表受伤，其只在伤口上生长，传染性强，对温度较为敏感，有机质含量高时易发生。

（1）具体治疗思路

外用方案：第一天下午使用有机酸；第二天上午，五倍子末（或水杨酸）+盐，兑水后全池泼洒，病情严重时，隔天再泼一次，隔天再用优质碘制剂泼洒，连用两次。

内服：五倍子末或者克霉唑。

（2）注意事项

① 水霉病暴发的必要条件为鱼体受伤，防止鱼体受伤、及时恢复伤口是该病预防的重要工作。

② 水霉对盐较为敏感，外用药物泼洒时添加剂量为 $3 \sim 5kg$/亩（1亩＝666.67m^2）的盐，可提高治疗效果。

③ 处理水霉后还需处理体表的伤口，否则极易复发。

二、鱼类病毒性疾病与细菌性疾病的快速区分要点

可引起水生动物发生疾病的病原很多，但是大部分的鱼病是由细菌或者病毒感染引起的，而细菌性疾病与病毒性疾病的处理方法差异很大，一旦误诊，处理不当，就会造成巨大损失。因此，能够在一线疾病防控中快速区分疾病的病原是细菌还是病毒非常重要，主要有以下几个区分点。

（一）发病鱼的种类

细菌性疾病一般可危害池塘中所有的鱼类（发病程度可能不同），比如"细菌性出血病"发生时，池塘中餐条、麦穗鱼等小杂鱼先出现死亡，然后是白鲢、花鲢直至主养鱼类（若是鳊鱼精养池塘，鳊鱼可能先于花鲢发病）（图2-48）；而病毒感染引起的疾病，一般只会引起精养池塘中的某一种鱼死亡（图2-49），如异育银鲫、鳊鱼、草鱼、花白鲢混养的池

图2-48 细菌性出血病引起池塘所有鱼类死亡

图2-49 鲤鱼疱疹病毒病只引起池塘中的鲤鱼死亡

塘，发生"异育银鲫鳃出血"病后，只会引起鲫鱼死亡，发生"草鱼出血病"后，只会引起草鱼死亡，其他鱼一般不死亡或者死亡较少（并发的细菌感染引起）。

（二）发病的水温

水生动物病毒对于水温较为敏感，只在一定温度范围内发病，比如"草鱼出血病""斑点叉尾鲴病毒病"属于高温疾病，发生在温度较高的夏季；而"鲤春病毒病""鲤鱼痘疮病"等属于低温疾病，发生于冬季或春季；鲫鱼"鳃出血病""鲤鱼疱疹病毒病"发病的温度则介于二者之间，水温超过29℃并持续一段时间时死亡停止，疾病不治而愈。在生产中结合发病鱼的种类、水温可以对发病病原是否为病毒作粗略判断，比如冬季低温，混养池塘只死鲤鱼且濒死鲤鱼的体表有白色蜡样增生物，则基本判断为"鲤鱼痘疮病"，春末夏初混养池塘只死鲤鱼，且濒死鲤鱼眼球凹陷、头骨凹陷，黏液异常分泌，则诊断是"鲤鱼疱疹病毒病"。

由细菌感染引起的疾病的发病范围则广得多，如"竖鳞病"，一般发生于冬季、春季，但是夏季高温时也偶有发生，由柱状黄杆菌、荧光假单胞菌引起的"烂鳃病""赤皮病"等疾病可以流行于全年，温度低时发病率下降（图2-50）。

图 2-50　竖鳞、烂鳃可在全年发生

（三）出血的形态

细菌感染后引起的出血形态为弥散型出血，出血面积大、连片（图2-51），单纯的病毒感染引起的出血形态以点状出血为主（图2-52），尤其以鲫鱼"鳃出血病"为甚（图2-53）。近年观察到鲫鱼"鳃出血病"的发病症状发生了改变，有时濒死鱼捞出水面后并无鳃部流血等典型现象，给不少技术员确诊此病造成困惑，此时可以解剖病鱼观察鱼鳔，若观察到鱼鳔有一个一个的出血点，也基本可以诊断为鳃出血病（此方法同样适用于已经死亡的鱼）。

图 2-51　鳙鱼细菌性出血病
示胸鳍基部弥散型出血

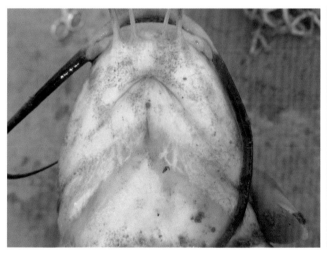

图 2-52　斑点叉尾鮰病毒病
示下颌点状出血

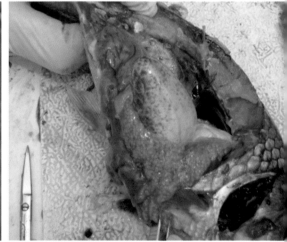

图 2-53　鲫鱼鳃出血
示鱼鳃点状出血

（四）肠道的状态

生产中经常可以遇到细菌或者病毒感染后导致某种鱼类产生相似症状的情况，如"草鱼出血病"和草鱼的"细菌性出血病"，两个病的发病时间都在高温季节，单纯从外表无法进行确诊，此时可通过解剖肠道进行判断。

细菌性疾病发生后的肠道特征：

① 弹性差，肠壁薄，轻扯易断；

② 肠道内容物丰富，有大量白色、黄色或者红色的脓液（图2-54）；

③ 肠壁脱落，轻刮肠壁可见大量组织脱落。

病毒性疾病发生后的肠道特征：

① 弹性好，肠壁厚，不易扯断；

② 肠道无内容物或者内容物较少（一般为未消化的食物）（图2-55）；

③ 肠壁光滑，有时可见点状出血。

图2-54　细菌性出血病的
病鱼肠道充满脓液

图2-55　患草鱼出血病的病鱼肠道内无内容物，
呈点状出血

（五）感染鱼的规格

病毒感染引起的发病鱼的规格相对固定，如"草鱼出血病"一般导致750g以下的草鱼、青鱼发病；"斑点叉尾鮰病毒病"一般导致100g以下的幼鱼发病，"鲫鱼鳃出血病"一般导致100g以上的鱼种或成鱼发病（也有水花感染的个例），而由细菌感染引起的疾病一般可导致同一种鱼的各种规格的个体发病。

（六）一些典型特征

一般来说，病毒感染都有比较明显的特征，如得了异育银鲫"鳃出血病"的濒死鱼拿出水面后鳃部即开始流血（图2-56），鱼鳔有点状的出血点；"斑点叉尾鮰病毒病"发生后濒死鱼头部朝上、尾巴朝下悬挂于水中，下颌点状出血；"鳜鱼虹彩病毒病"的濒死鱼会有白鳃、白肝的现象，解剖可见肝胰脏点状出血；"鲤鱼疱疹病毒病"的濒死鱼会出现眼球凹陷、头骨凹陷、烂鳃等明显特征（图2-57）；"鲤鱼痘疮病"的濒死鱼体表形成白蜡样增生物（图2-58）。

一旦观察到典型症状后，再结合发病的水温、鱼种类型、发病规格等信息，基本可以确诊。

对疾病进行正确的诊断是鱼病治疗的基础，目前在对鱼病的诊断中技术人员的经验仍

图 2-56 异育银鲫鳃出血病
示死鱼鳃盖一侧有一个红斑，濒死鱼拿出水面鳃流血

图 2-57 鲤鱼疱疹病毒病
示头骨凹陷、眼球凹陷

图 2-58 鲤鱼痘疮病
示病鱼体表有蜡样增生物

起着主要的作用，误诊的情况时有发生。随着科技的发展，水生动物病害防控科研投入不断加大，通过现代化的手段对鱼病进行诊断已变得简单容易，也将会有更多的现代化设备应用到鱼病的诊断中。

以上几点简单的区分方法仅供一线从业人员参考，要对某种疾病是由病毒或者细菌引起的做最终确定需要通过分子生物学等手段来完成。

三、鱼病防控中容易忽略的基础工作

水产养殖是一个环节众多、需要关注细节的行业，健康养殖的前提是苗种优良、饲料优质、投喂科学、池底干净、水源鲜活、病原扩散条件不利等。

目前，养殖中的一些重要基础工作正在弱化，而正是因为这些重要的基础工作的弱化，更导致了病害频发的局面，并形成恶性循环。

（一）清塘药物种类不对、剂量不足，清塘未达效果

清塘是对养殖结束以后池塘底部及池壁残存生物的清除，目的是消灭池塘中的敌害生物、各种病原，为后续的养殖打好基础。主要是清除池塘中的病原包括细菌、病毒、真菌、寄生虫、有害藻类等，其次是将池塘中残存的野杂鱼类杀灭干净，避免来年大量繁殖后消耗氧气及抢夺饵料。

常用的清塘药物有生石灰、漂白粉、茶籽饼、清塘剂（如鱼藤酮等）。其中生石灰、漂白粉清塘效果较好，可对池塘中的各种病原、野杂鱼类彻底清除；茶籽饼只对血液为红色的生物有作用，而对细菌、病毒等病原几乎无效，清塘剂亦如此，如果不清塘或者使用茶籽饼、清塘剂等清塘会导致病原在池塘中持续存在，病原耐药基因得以传代并加强，病原耐药性进一步提高，来年养殖中条件合适时就会入侵鱼体引起发病且治疗愈加困难（虾蟹池塘使用茶籽饼清塘对病原清除的效果同样不理想）。

建议清塘药物选择生石灰或漂白粉，漂白粉使用时一定要兑水后泼洒，其有效成分接触到水才能产生次氯酸，也才能对病原及其他生物起到杀灭作用，部分地区将漂白粉干撒清塘，效果甚微。

还要注意清塘药物的剂量。使用生石灰清塘的剂量应达到250～300kg/亩，将其兑水溶解后趁热全池泼洒；漂白粉清塘剂量应达到40～50kg/亩，兑水后全池泼洒。清塘药物只有达到足够的剂量后，才能对病原起到杀灭作用。

晒塘及清淤也是必要的工作。淤泥是池塘中最大的病原库，条件允许时对淤泥较深、经常发病的池塘每两到三年清淤一次（图2-59），对降低疾病的发生率有很大的作用。

在塘租高涨、养殖成本上升等背景下，为了充分提高池塘的利用率及周转率，提高养殖效益，清塘工作在部分地区是缺失的（如海南、珠三角的部分地区，清鱼后直接投放新的鱼种进塘），而坚持清塘的也可能会因为药物选择不对、剂量不足、方法不妥等未达到清除病原的目的。这种情况在全国均存在，对疾病的暴发形成了广泛的病原条件。

图 2-59 池底清淤及晒塘是非常必要的工作

（二）进排水系统不分

进排水系统分离在池塘设计中是一个基本的原则，每口池塘都应该有独立的进水、排水系统，且进水的水源与排出的养殖废水不应该有所交叉。

现实中很多地区甚至养殖发达地区仍存在进排水系统不分的情况，这就会导致排出的尾水甚至发病后排出的携带有病原的污水进入养殖水系，未发病的池塘进水时会将病原带入，造成发病的可能，这也是很多地方鱼发病后呈现区域性暴发的主要原因（图2-60）。

图 2-60　进排水不分，不同池塘的水体交换会造成病原的快速传播

（三）苗种退化、带毒率高

优质的苗种是健康养殖的前提和基础。苗种质量某种程度上直接决定着养殖的成败及效益，而苗种退化、普遍带毒已经成了水产养殖业的常态，几乎每个养殖品种都存在这个问题。

据不完全统计，主产区异育银鲫种苗"鲤鱼疱疹病毒Ⅱ型"携带率接近100%，鳜鱼种苗"虹彩病毒"携带率超过50%，加州鲈种苗"弹状病毒"携带率超过60%，小龙虾种苗"白斑综合征病毒"携带率超过80%，这些携带了病毒的苗种流传至全国各地，造成了病毒的传播与流行，而在养成过程中，一旦出现了病毒暴发的有利条件，就会很快引起发病。如何"带毒养成"将会成为未来几年水产养殖从业者不得不面对的重大问题。

除了养殖大户及集团化的养殖企业外，多数养殖者的苗种养殖与成鱼养殖均为两个不同的体系，而育种与养成的分离导致苗种养殖户们更多地关注苗种养成阶段的成活率及生长速度，对于之后的成鱼养殖过程中的成活率关注度不够，这也会使得在苗种阶段存在过量用药等情况。另外，优质的苗种如没有给育种企业带来预期的收益，则在一定程度上会打击企业生产良种的积极性。

规范苗种生产及销售行为、加强对苗种特定病原的检测、弃养带毒苗种、购买优质健康的苗种是顺利养殖的前提，但是这个工作需要协同更多的资源来完成，仍有很长的路要走。

（四）饲料质量不稳定

饲料的科学投喂以及投喂配比科学、质量可靠的饲料是水生动物保持健康的关键所在（并非保健药物或者免疫增强剂的投喂）。随着饲料原料成本不断上涨，制作成本逐年提高，饲料的价格也随之上涨，但因为终端养殖中病害频发，鱼类销售价格不稳，养殖户的盈利不断下降，对饲料涨价的抵触情绪就会越来越强。在这样的矛盾下，饲料是否存在质量下降的可能？饲料企业该如何化解矛盾，既要给终端提供优质饲料，又可以保证自己的效益？这些都是值得关注的点。

（五）病死鱼处理不当

病死鱼携带有大量的高致病性病原，是疾病传播的重要媒介。养殖集中区病死鱼处理的错误做法主要有：一是打捞后冰冻保存，之后用作甲鱼、河蟹等的饵料；二是打捞后烘干制成鱼粉，与优质鱼粉混合后返添至饲料中；三是少部分被随意丢弃在池边塘头，甚至随水进入河道中，任其腐败分解。这其中不管是哪一种处理方式，尤其是跨区域的病死鱼流动，都会造成病原的传播与流行，应坚决禁止。水产从业者应当自律，强化对病死鱼危害的认识，应采用就地深埋、消毒等无害化处理。这才是病死鱼正确的处理方法。

回归养殖本身，从苗种质量、养殖环境、投喂管理、鱼体检查、病原清除、传播途径切断等细节入手，强化各个环节，建立标准化的鱼病防控流程，才能降低疾病的发生率，也是减量用药的根本途径。

四、鱼类疾病防控细节

以越冬综合征的防治为例说明鱼类疾病防控中的重要细节。

2016年春天江苏及四川发生的斑点叉尾鲖疫情、2019年春天全国发生的草鱼疫情及近几年春天鲫鱼、鲤鱼、花白鲢等的暴发性死亡都给水产养殖业带来了巨大损失，让无数养殖户濒临破产（图2-61）。

春季气温进入上升期，细菌、寄生虫等各种病原进入活跃期，而水生动物经过几个月的停料后，体质较弱，因此春季是水生动物疾病的高发期，养殖户应提前做好相关准备工作，谨防发生越冬综合征。

图 2-61　2019 年春季草鱼及 2016 年春季斑点叉尾鮰的暴发性死亡

（一）越冬综合征的症状及发生原因

越冬综合征是发生于春季的危害各种淡水鱼类的传染性、暴发性疾病，主要症状为感染初期部分濒死鱼眼球突出、充血；体表病灶部位鳞片脱落、出现赤皮及溃烂，偶见竖鳞的情况；鳍条基部充血或出血，部分鱼鳍条腐蚀；随着病程的发展，体表溃烂加深，形成深浅不一的溃疡灶，严重时烂及肌肉甚至露出骨骼（图2-62～图2-67）。此病的诱发因素较多，若处理不及时，则危害较大，其发生主要与下列因素相关。

图 2-62　草鱼发病后溃疡烂及肌肉　　　　　　图 2-63　草鱼发病后烂头、烂嘴

图 2-64 鲫鱼发病后红头、部分鱼眼球突出，伴随竖鳞病的发生

图 2-65 体表穿孔的鲤及背部溃烂露出脊椎的鲫

图 2-66 鲤、鲫体表的溃疡灶

图2-67 越冬综合征可导致多种鱼类死亡

1.投饵率及饵料质量

对存塘鱼来说，秋季及春季的投喂非常重要。秋季尤其是10月中下旬开始，由于气温的走低，部分养殖户开始投喂低质饲料，而低质饲料导致越冬期鱼类营养累积不够，体质变弱，易发生疾病（在饲料质量下降、投喂量低下等因素叠加下，鱼类越冬期营养的缺乏变得普遍）。

春季的投喂亦存在问题，除了投喂的饲料质量较差外，近几年投饵率也经历了两个极端，在病毒性疾病大规模肆虐前，养殖户习惯用较大的投饵率去投喂，比如有鲫鱼养殖户在水温20℃左右时投饵率已经达到2.0%甚至2.8%，这会对肝胰脏造成较大的负担甚至损伤肝胰脏功能，降低抵抗力，易形成肝胆综合征、肠炎及其他细菌性疾病。而这几年由于病毒性疾病发生率较高，养殖户为了防止疾病的发生，刻意降低投饵率，比如东台的弶港地区，不少鲫鱼养殖户在水温20℃左右时投饵率仍不足0.5%，甚至有养殖户在7月前不投喂饲料或用菜籽饼代替饲料投喂，直接的后果就是鲫鱼产卵不同步、难产、鱼体瘦弱、抵抗力差。

2.开春后对底质处理的忽略

养殖户在养殖过程中没有对一些突发的天气、状况有充分的准备，仅过分关注水体中有毒有害物质的消除，忽略了池塘底部的维护及改良，在整个养殖过程中，使用有机酸类的频次过高，改底尤其是养殖前期（2～3月份）的改底被忽略，导致下雨时池底上翻，有毒有害物质被瞬间大量释放，病原菌同时被释放，形成了越冬综合征暴发的病原条件。近几年越冬综合征一般在雨后逐渐暴发就是这个原因。

3.低温期鱼体检查度不够，较轻的伤口未得到及时处理

水生动物的生长高峰期在4月到10月间（各地会存在差异），在此期间养殖户、技术服务人员对鱼体健康的关注度非常高，鱼体检查的频率保持在5～10天一次，可以将很多问题在初期发现，并通过人为干预避免造成大的损失。低温期发生的疾病较少，对鱼体检查的频率大大降低甚至停止，而年底、年初是苗种投放的相对集中期，鱼体受伤的概率相对较高，有些寄生虫如"锚头蚤"越冬期不会脱落，其叮咬造成的伤口持续存在，这些状况都会造成细菌继发感染后暴发越冬综合征（图2-68）。

图 2-68 锚头蚤越冬期仍可以存活，伤口继发细菌感染后形成溃烂

4.预防工作不当

对疾病预防的理念已经深入人心，养殖户们也在投喂初期即开展预防工作，有些养殖户选择在饲料中添加免疫增强剂，一部分养殖户选择添加抗生素或者抗菌肽等抗菌剂，但由于没有清晰地认识到初期投饵率低的事实，投喂免疫增强剂时存在剂量低、时间短的实际情况，达不到增强免疫的效果。而在鱼体没有细菌感染时投喂抗生素或者抗菌肽，对细菌性疾病的预防也是没有意义的。

（二）鱼病预防的重点工作

1.做好饲料投喂管理

合理的营养摄入是疾病防控的关键，过多或过少投喂、投喂质量较差的饲料都可能导致鱼类免疫力下降。在投喂初期，由于水温较低，鱼类对饵料的消化、吸收较慢，应遵循少喂、喂好的原则。

正确的做法是根据水温灵活调节投饵率，天气晴好的低温时期也要适量投喂，无胃鱼

保持在0.2%～0.4%的投饵率，随着气温的上升逐渐加大投喂量，待水温上升到18℃时，应增加投饵率到1.0%～1.5%。有胃鱼低温期视情况2～4天投喂一次直至每天投喂一次，投饵率控制在0.1%～0.2%，待水温上升至22℃以上时，恢复正常投喂。但在此阶段应适当提高饲料档次，为体质的恢复提供营养。

2.及时改底

在投料初期（二月中下旬到三月中上旬）、降雨前一天，使用化学药剂改底1～2次，优化池底环境，减少降雨、鱼类活动时引起的有害物质释放。

3.及时消毒

低温期虽然疾病不多，但是不排除鱼体出现细微伤口的可能，因此在越冬期尤其是开春后投料前最好对鱼体检查1～2次，如果发现有伤口存在，应及时进行处理，可避免进一步感染。

4.做好消化道的护理

良好的消化道状态可以促进营养物质及药物的吸收，冬季停料后，鱼类消化道较为脆弱，此时应重点关注消化道状态，可以通过优质发酵饲料或者乳酸菌等的拌喂，减少消化负担，保护、提高肠道状态，从而提升鱼的体质。

5.科学投喂免疫增强剂

免疫增强剂在疾病预防中起着一定的作用，但是在具体操作中存在一些误区。首先是对免疫增强剂的认识不清，不了解哪些药物具有增强免疫力的功能，一些多糖、维生素等具有增强免疫力的功能，亦或是肝泰乐等可以强化肝胰脏机能，间接提高非特异性免疫力。其次中草药尤其是保肝护胆、增强免疫的中草药价格较高，严重偏离市场价格的产品谨慎选择；再者免疫力的提升需要时间，通常需要长达数十天以上的持续投喂方可实现，因此投喂免疫增强剂的时间应长于投喂常规治疗药物的时间；最后免疫增强剂的投喂要与优质饲料相配合，科学、合理的饲料投喂，辅以免疫增强剂的投入，方可达到增强免疫、抵抗疾病的效果。

（三）越冬综合征发生后的处理

一般来说，在注意以上细节的情况下，发生越冬综合征的概率较小，但是如果因为疏忽，导致疾病出现，则可按照如下思路进行处理。

（1）外用 有水霉感染的池塘，可以先用五倍子末加盐外泼1～2次，然后用碘制剂泼洒2～3次，没有水霉感染的池塘直接选择优质碘制剂泼洒2～3次，施药都是间隔一天。

（2）内服 投饵量低于0.5%的池塘，以保肝药、维生素、乳酸菌等按说明加量三倍投喂；投饵量超过1.0%的池塘，可以在饲料中添加恩诺沙星、硫酸新霉素等抗生素进行治疗，疾病治愈后停掉抗生素，改为保肝药、维生素及乳酸菌继续投喂7～10日。

（3）注意事项

① 因伤口较大，消毒剂需连续使用2次以上甚至3～4次，才能达到较好效果。

② 投饵率较低时，投喂抗生素作用不大，内服方案从提升鱼体的体质及抵抗力入手更

为合适。

③治疗过程中至治愈后的一个星期内，不要施肥尤其不要使用有机肥（如肥水素）施肥，也不要加注新水，否则极易引起复发。

水产养殖业处于转型升级期，在产量过剩、品种结构不合理、外来品种（如巴沙鱼）挤压、价格波动剧烈、技术水平总体不高的现状下，又受到环保高压、食品安全、苗种退化、疾病频发等众多不利因素影响，从业者普遍盈利能力下降，广大养殖户只有在春季开好头，做好养殖规划，科学投喂，精准防控，才能为全年的健康养殖打好基础，也才能在养殖转型的过程中顺利开展工作。

第三章
常见淡水鱼病毒性疾病诊断与防治

一、草鱼出血病

【病原或病因】

病原为草鱼呼肠孤病毒。

【临床症状】

草鱼出血病有三种类型，分别是：

① 红肌肉型 主要症状为剥开濒死鱼皮肤可见肌肉点状出血，鳃丝因肌肉大量出血呈现苍白色（图3-1）。

② 红鳍红鳃盖型 濒死鱼体表尤其是口腔、下颌、鳃盖、眼球及各鳍条明显充血或出血（图3-2～图3-4）。

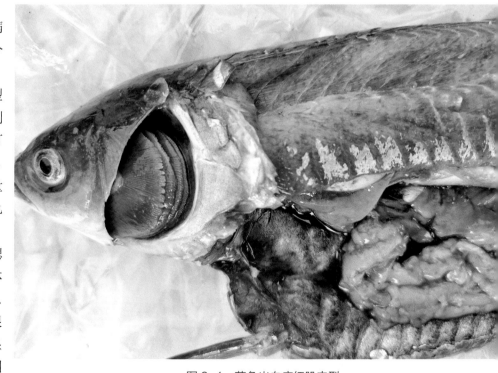

图 3-1　草鱼出血病红肌肉型

示肌肉点状出血（图片由周二宝提供）

图3-2 草鱼出血病红鳍红鳃盖型
示濒死鱼口腔严重充血

图3-3 患草鱼出血病的草鱼
示眼球红肿外凸、鳃盖充血

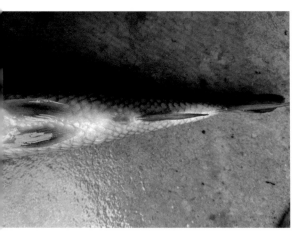

图3-4 患草鱼出血病的草鱼
示腹部、腹鳍出血

③肠炎型 濒死鱼解剖后可见肠道充血、出血，肠道全部或局部呈鲜红色，但是肠道弹性较好，不易扯断，肠道内容物不多，基本无脓状物（图3-5）。

这三种症状在发病后可能会同时出现，也可能继发细菌感染出现其他如烂鳃、赤皮等症状（图3-6）。

【流行病学】

草鱼出血病是一种全国广泛流行的且危害严重的疾病，在草鱼的主要养殖区如湖北、江西、湖南、广东、江苏、安徽、东北等地发病严重，主要危害草鱼及青鱼鱼种，发病规格一般为750g

图3-5 草鱼出血病肠炎型
示濒死鱼肠道弹性好，无内容物

（1.5斤）以下，1000g（2斤）以上的草鱼及青鱼发生草鱼出血病的概率大幅降低。发病水温在22~33℃，27~30℃间发病最为严重。该病原对水温较为敏感，在敏感水温外几乎不发病，主要通过鱼体接触等方式进行传播。一旦发病，若使用如二氧化氯、苯扎溴铵、二硫氰基甲烷等消毒剂后，死亡量会迅速上升。

图3-6 草鱼出血病往往与细菌性烂鳃病并发

近几年由于草鱼出血病疫苗在养殖区大量推广使用，草鱼出血病的发病率已经大大降低，危害进一步减小。

【诊断】

根据流行病学、外表病症及病理变化可初步诊断，确诊需采用分子生物学、细胞培养技术或者电镜观察。

需要注意的是，细菌性肠炎和肠炎型的草鱼出血病的体表症状、发病水温均相似，单纯从外观无法区分，在生产一线可通过解剖肠道，对肠道弹性、内容物及肠壁完整度等细节进行初步鉴别，草鱼出血病肠炎型肠道弹性好、不易扯断、肠道无内容物，有时可见肠壁点状出血；草鱼细菌性肠炎病肠道弹性差、轻扯易断、肠道内有大量脓状物。

【防治措施】

病毒性疾病目前仍无效果明确的治疗方法，做好预防工作是防控的关键。对病毒病的预防应从切断传播途径、提升鱼体免疫力等方面进行，可以做好以下工作：

（1）预防

① 调节好水质，保持水质的稳定及优良，保证溶解氧的充足。

② 正确投喂，投喂质量可靠、配比科学的饲料，根据水温灵活调整投饵率，保证鱼体营养的均衡供给，可增强鱼体体质，降低该病的发生率及死亡率。

③ 注射草鱼出血病疫苗是防止草鱼出血病发生的有效方法。

④ 曾发病的池塘养殖结束后彻底清塘，杀灭环境中的病毒。

⑤ 苗种购进时对其进行检疫，选择不携带病毒的苗种。

（2）治疗方案 草鱼出血病发生以后，保持水质稳定、关注治疗细节，保守处理一般不会大规模暴发。

一旦发病后，可先停止投饵3~5天，然后外用碘制剂泼洒、内服抗病毒的药物如板蓝根等可以控制该病发展。值得注意的是，病毒病发生后防止细菌的继发感染是非常重要的。具体治疗方法如下所述。

外用：第一天下午，有机酸优化水环境；第二天上午，优质碘制剂泼洒，隔天再用一次。

内服：先停料3~5天，待死亡下降到稳定后从正常投饵量的三分之一开始投喂，同时在饲料中添加板蓝根（金银花）、免疫多糖、维生素、恩诺沙星（有细菌并发感染时需添加）等一起投喂，每天两次，连续投喂5~7天。

（3）注意事项

① 草鱼出血病病毒有三个亚种，在制作、注射灭活疫苗工作中最好选择以当地发病鱼为材料制作的疫苗，才能保证效果，如果注射的疫苗亚型不对应，则免疫保护效果很差。

② 体重在150g以下的鱼苗注射疫苗保护率较高，体重超过500g的草鱼注射疫苗意义不大。

③ 因各地购买的药物如板蓝根、恩诺沙星、维生素等品牌不同，质量差异较大，具体使用剂量可咨询购买点的技术人员。

④ 病毒性疾病发生后，外用消毒剂只能选择碘制剂，在疾病治疗过程中，切勿换水、泼洒杀虫剂、过量投料、使用刺激性的化学改底药物，勤开增氧机，保证溶解氧充足。

⑤ 盐酸吗啉胍（病毒灵）在治疗草鱼出血病时有一定的效果，但是其属于人用药物，水产养殖中禁止使用。

二、鲤鱼疱疹病毒病

【病原或病因】

病原为鲤疱疹病毒Ⅲ型。河南等地的养殖户也将此病称为"鲤鱼急性烂鳃病"。

【临床症状】

发病初期无明显症状，主要是池鱼摄食有所下降，少量鱼离群独游（图3-7），随着病情的发展，池边可见大量病鱼漫游，濒死鱼体表无明显创伤（图3-8），主要症状为眼球凹陷（图3-9）；头骨凹陷（图3-10），头部黏液异常分泌；鳃丝腐烂（图3-9）出血，有大量黏液（图3-11）；肠道弹性较好，解剖后可见肠壁充血，肠腔内无脓液或食物（图3-12）。

【流行病学】

该病对水温敏感，发病水温18～28℃，23～28℃间发病最为严重，在敏感水温外几乎不发病。该病毒可危害锦鲤、建鲤、框鲤、镜鲤等多种鲤鱼，若处理不当，可在短期内

图 3-7 鲤鱼疱疹病毒病（一）
示患病鱼池中漫游

图 3-8 鲤鱼疱疹病毒病（二）
示濒死鱼体表无明显症状

图 3-9　鲤鱼疱疹病毒病（三）

示眼球凹陷，鳃丝溃烂

图 3-10　患鲤鱼疱疹病毒病的鲤鱼

头骨凹陷

图 3-11　濒死鱼鳃部出血，黏液异常分泌

图 3-12　病鱼肠道弹性较好，无内容物

形成暴发，死亡率达90%～100%。该病对鲤鱼的养殖危害严重，已经导致鲤鱼的养殖量在河南等主产区大幅下降。

【诊断】

根据流行病学、外表病症及病理变化可初步做出诊断，确诊需采用分子生物学、细胞培养技术或者电镜观察。

【防治措施】

（1）预防

① 调节水质，保持水质的稳定及优良，保证溶解氧的充足。

② 正确投喂，投喂质量可靠、配比科学的饲料，保证鱼体营养的均衡供给。

③ 在水温16℃时即开始投喂免疫增强剂，时间为10～15天，提前强化鱼体免疫力，可降低该病的发生率及危害性。

④ 已发病的池塘养殖结束后彻底清塘，杀灭环境中的病毒。

⑤ 苗种购进时对其进行检疫，选择不携带病毒的苗种。

（2）治疗方法

外用：第一天下午使用有机酸优化水质；第二天上午全池泼洒优质碘制剂，隔天再用一次。

内服：先停料3～5天，待死亡下降到稳定后从正常投饵量的三分之一开始投喂，同时在饲料中添加板蓝根（金银花）、免疫多糖、维生素、恩诺沙星（有细菌并发感染时需添加）等一起投喂，每天两次，连续投喂5～7天。

（3）注意事项

① 此病发生后，切勿进排水，否则会引起暴发性的死亡。

② 病毒灵（盐酸吗啉胍）对于此病有较好的治疗效果，但其属于人用药物，已被禁用。市面上流行的宣称可治愈该病的药物（饲料）大多添加有病毒灵，养殖户在购买、使用时需注意区分。

③ 正确的诊断是有效治疗疾病的前提，该病有烂鳃的典型症状，极易被误诊为细菌性烂鳃病，疾病治疗前应对濒死鱼仔细观察，细致甄别。

④ 一旦确诊该病，治疗时切勿泼洒除碘制剂以外的消毒剂，否则会引起暴发性死亡。

⑤ 该病暴发后鱼类摄食变差，在外用碘制剂后的第三天左右摄食会有明显改善，整个疾病治疗过程中应坚持按疗程投喂内服药物，直至控制病情。

三、鲤鱼痘疮病

【病原或病因】

病原为鲤疱疹病毒。

【临床症状】

疾病发生早期病鱼体表出现乳白色斑点，后变厚、增大，逐渐在鱼体形成一层白色黏液层（图3-13）。随着病情发展，黏液逐渐加厚为石蜡样（图3-14，图3-15），长到一定程度后可自行脱落，但又会重新长出（图3-16）。石蜡样物质在鱼体大量蔓延后连片，会严重影响鱼的生长，使鱼体消瘦，并可影响亲鱼的性腺发育，亦影响商品鱼的卖相。

【流行病学】

流行于秋末至春初温度较低的高密度养殖池塘，病毒最适传播温度为10～15℃，当水温升高到15℃以上并持续一段时间，病鱼可自愈，该病一般不会引起大批死亡。该病毒主要危害鲤、鲫幼鱼及成鱼，通过鱼体接触的方式进行传播。

【诊断】

根据流行病学、外表病症及病理变化（如图3-17、图3-18所示情形）可初步诊断，确诊需采用分子生物学、细胞培养技术或者电镜观察。

图 3-13　痘疮病发病初期体表
开始出现黏液增生

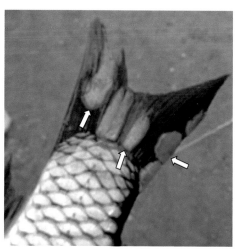

图 3-14　患痘疮病的鲤尾鳍上的
石蜡样增生物

图 3-15　患痘疮病的鲫体表出现白色增生

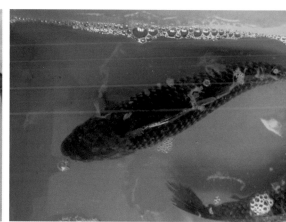

图 3-16　患痘疮病的鲫放入清水
后体表的黏液可脱落

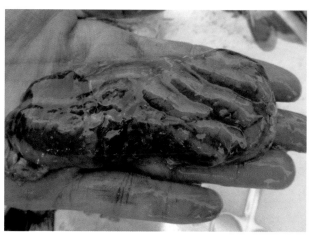

图 3-17　患痘疮病的黄金鲫的内脏
示内脏团严重出血

图 3-18　患痘疮病的鲤鱼腹腔有带血
腹水，肝胰脏、脾脏肿大、充血严重

【防治措施】

（1）预防

① 做好秋季池塘底质管理可降低该病的发生率。

② 加强秋季投喂管理，秋季适当提高饲料档次、增强鱼体体质可降低该病的发生率及死亡率。

（2）治疗 此病发生时水温较低，鱼类摄食较少或不摄食，尚无有效的治疗方法。发病后泼洒优质碘制剂，对疾病有一定的控制效果。

在秋季投喂管理中可适当提高饲料档次，足量添加免疫增强剂或者维生素，以提高鱼体体质，可降低该病的发生率。

四、异育银鲫鳃出血病

【病原或病因】

2007年起在异育银鲫主产区发生了一种以濒死鱼鳃丝大量出血为典型特征的重大病害，民间称为"鳃出血"病，病原为鲤鱼疱疹病毒Ⅱ型。

【临床症状】

感染后的鱼摄食亢奋。濒死鱼离群独游（数量较少），全身发黑，病鱼捞出水面后，鳃部即开始大量出血（图3-19、图3-20）。死亡鱼靠近水面一侧的鳃盖上有一红点，养殖户称为"美人斑"（图3-21）。检查濒死鱼，可见眼球及下颌（图3-22）、胸鳍基部点状出血，各鳍条末端发白，部分鱼有体表出血现象。解剖可见内脏粘连，肝胰脏充血严重，部分鱼有黄色半透明腹水，鱼鳔有点状出血（图3-23）。

【流行病学】

2007年在盐城市首次被发现，2011年起开始流行，现在全国都有发病，已经导致异育

图3-19 患异育银鲫"鳃出血病"的鱼（一）
示濒死鱼鳃部大量流血

图3-20 患异育银鲫"鳃出血病"的鱼（二）
示濒死鱼捞出水面后鳃部开始大量流血

图 3-21　患异育银鲫"鳃出血病"的死鱼鳃盖一侧的红点

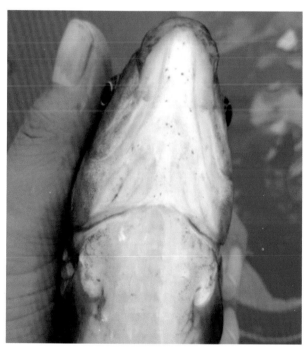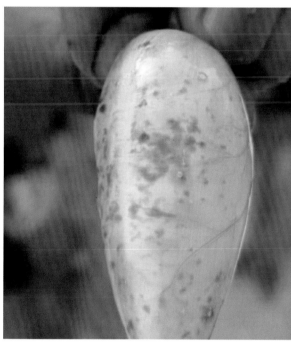

图 3-22　患异育银鲫"鳃出血病"的鱼（三）
示下颌点状出血

图 3-23　患异育银鲫"鳃出血病"的鱼（四）
示鱼鳔点状出血

银鲫产量降至不到高峰期的二分之一。发病鱼种为鲫鱼（主要是异育银鲫，黄金鲫有零星发病），同塘其他鱼不发病，从水花到成鱼都可以发病，成鱼发病率高于水花。16～28℃为其流行水温，三月底开始发病，十月后减少，水温持续在29℃以上3～5天可不治而愈。传播方式有水平传播及垂直传播，水源、网具、濒死鱼、疫区的苗种等都可导致此病的传播与流行。

【诊断】

根据流行病学、典型症状及病理变化做出初步诊断，确诊需采用分子生物学方法。

【防治措施】

（1）预防措施

① 调节好水质可降低该病的发生率，主要是维持水质的稳定尤其是溶解氧稳定（重点要提高投饵区溶解氧），避免低溶解氧胁迫的发生，同时应避免pH值长期高于9.0。

② 科学投喂，春末投喂时适当提高饲料档次，快速提升越冬后鱼的体质，对预防该病有一定的作用。

③ 上半年在水温15℃、下半年在水温30℃时即开始加量投喂免疫增强剂，投喂时间不低于10天，以提高鱼体免疫力。

④ 将传统的抛投式投饵机改为风送投饵机，可以提高投饵区溶解氧，降低鱼摄食时的密度，进而降低病原的传播速度。

⑤ 发过病的池塘应彻底消毒，清除病原。

（2）治疗措施

① 死鱼数量上升迅速（成倍增长）时应立即停止投料，直至死鱼下降到稳定（不再下降）后恢复投料，投饵量从停料前的三分之一开始逐渐恢复到正常数量，同时在饲料中加量添加板蓝根、免疫制剂、维生素等，如果有细菌继发感染，还应该添加恩诺沙星等抗生素。

② 死鱼数量稳定时应保守治疗，不要外用消毒剂（包括碘制剂）及杀虫剂，否则可能造成快速暴发。

③ 五倍子具有消炎、止血、收敛等功能，可清理体表黏液，促进伤口恢复。五倍子末加盐一起泼洒可用于鳃出血病暴发后的处理，对抑制疾病的发展有一定的作用。

（3）注意事项

① 根据检测，病鱼黏液中含有大量病毒，抢食时的相互接触会导致病毒的传播与流行。因此发病后可以通过停料的方式降低病毒的传播，待病情稳定后再逐步恢复投料。

② 该病超出流行水温后可不治而愈。上半年发病的池塘可通过停料或者降低投料、增强免疫力等方法等待水温回升，带毒养成的概率较高。下半年发病后如果死亡量较大，应及时捕捞销售，减少损失。

③ 疫区异育银鲫苗种带毒率接近100%，带毒养成已经成为异育银鲫养殖不可避免的问题，加强对苗种的产地检疫刻不容缓。

④ 新的鲫鱼品种如中科5号、合方鲫等，可作为中科3号的替代品种进行推广。

⑤ 停料至死鱼下降到稳定时即应恢复投料，不可长时间停料，否则鱼体虚弱，发病概率提高。

五、斑点叉尾鮰病毒病

【病原或病因】

病原为斑点叉尾鮰病毒。

【临床症状】

濒死鱼头部朝上、尾部朝下垂直悬挂于水中（图3-24），偶尔出现旋转游动，最后沉入水底死亡。病鱼下颌基部点状出血（图3-25、图3-26），鳍条基部、腹部等处充血或出血，腹部膨大（图3-27），部分鱼眼球突出、肛门红肿。解剖可见腹腔内有大量淡黄色或淡红色腹水，胃内无食，肝胰脏点状出血（图3-28），脾脏肿大，心、肝、肾等器官出血（图3-29）。

图 3-24　濒死鱼头朝上、尾朝下悬挂于水中

图 3-25　患病斑点叉尾鮰下颌点状出血，腹腔有大量腹水

图 3-26　患病斑点叉尾鮰下颌点状充血

图 3-27　患病斑点叉尾鮰腹部膨大，
下颌点状出血

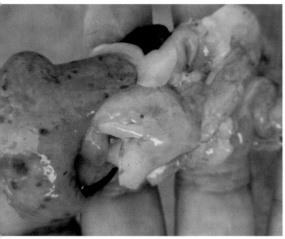

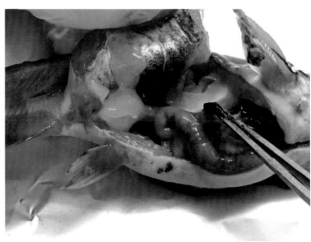

图 3-28　患病斑点叉尾鮰肝胰脏点状出血　　　　图 3-29　患斑点叉尾鮰病毒病的病鱼解剖图
脾脏肿大，消化道出血

【流行病学】

该病毒主要感染斑点叉尾鮰鱼苗及鱼种，发病水温为20～30℃，在此温度区间内流行程度与温度成正比。可通过水平及垂直方式进行传播，危害较大，处理不当可引起暴发性死亡。

【诊断】

根据流行病学、症状及病理变化可做初步诊断，确诊需采用分子生物学方法。

【防治措施】

（1）预防

① 斑点叉尾鮰养殖中应避免pH值长期剧烈波动，可定期泼洒发酵饲料或者乳酸菌等维持pH值相对稳定。

② 科学投喂，根据水温灵活调整投饵率，维持消化道健康（饲料中添加乳酸菌或者发酵饲料）可降低该病的发生率及死亡率。

③ 在敏感温度到来前提前投喂免疫增强剂，以提升鱼体免疫力。

④ 对苗种进行检疫，弃养带毒苗种。

（2）治疗方法　外用：第一天下午使用有机酸；第二天上午外用优质碘制剂泼洒，隔天再用一次。

发病后降低投喂，同时加量内服抗病毒的药物（如板蓝根等）及免疫增强剂（如黄芪多糖）等可以控制该病的发展，有细菌继发感染时还需在饲料中添加敏感抗生素进行投喂。

（3）注意事项

① 鱼的消化效率与水温成正比，有胃鱼如斑点叉尾鮰等在养殖前期水温低时投喂量不可过大，建议水温18℃以下时投喂量不要超过0.2%，否则极易导致消化系统病变，引起发病。

② 斑点叉尾鮰为无鳞鱼，体表的黏液和皮肤是身体的第一道免疫防线。过高或过低的pH值对黏液有较大的影响，养殖过程中应尽量保持pH值的稳定。

六、鳜鱼虹彩病毒病

【病原或病因】

鳜鱼是我国名贵的经济鱼类，有数种养殖品种，其中杂交鳜与翘嘴鳜的养殖量最大、产量最高。近几年鳜鱼的养殖难度越来越大，这主要与鳜鱼虹彩病毒病的暴发有关，病原为鳜传染性肝、肾坏死病毒，苗种带毒是养殖的最大障碍。

【临床症状】

濒死鱼鳃盖张开，鳃丝变白，呼吸加快，身体失衡，侧卧于池边。大部分发病鱼体表症状不明显（图3-30），少部分病鱼体色变黑，部分濒死鱼有眼球突出，口腔、鳃盖、鳍条基部、尾柄处充血及蛀鳍的现象。解剖可见肝胰脏、脾脏和肾脏肿大，肝胰脏发白并有出血点（图3-31），肠壁充血或出血，肠内充满黄色黏稠物（图3-32）。"白鳃白肝"是该病的典型症状（图3-33）。

图3-30 患鳜鱼虹彩病毒病的鳜鱼
外观正常，鳃丝色淡

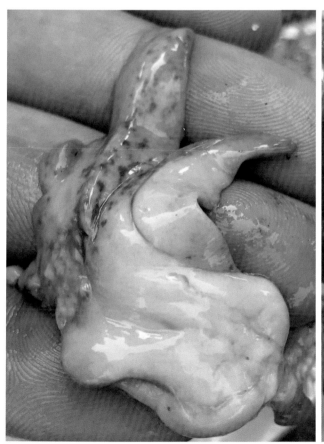

图3-31 患鳜鱼虹彩病毒病的鳜鱼内脏
示肝胰脏发白，有出血点

图 3-32　患鳜鱼虹彩病毒病的鳜鱼解剖图　　　　图 3-33　患鳜鱼虹彩病毒病的鳜鱼

示鳃丝发白

【流行病学】

此病对鳜鱼养殖危害较大，尤其在广东、福建、江苏等地的鳜鱼养殖中大量暴发。主要危害鱼种及成鱼，发病急，死亡率高，甚至可达100%，5～10月为高发期，发病水温25～34℃，最适发病水温为28～30℃。

【诊断】

根据流行病学、症状及病理变化可做出初步诊断，确诊需用分子生物学手段。

【防治措施】

目前鳜鱼仍以摄食活饵为主，难以摄入药物，发病后治疗困难，主要以预防为主。

预防措施有：① 发过病的池塘养殖结束后彻底清塘，杀灭池中的病原。② 调节好水质，避免低溶解氧胁迫。③ 发病后停止投喂，保持溶解氧充足可以降低死亡率。④ 对苗种进行检疫，弃养带毒苗种，可从源头上控制该病的发生。⑤ 2020年中山大学已经研制出鳜鱼虹彩病毒病疫苗，接种疫苗将成为预防该病的主要途径。

七、淋巴囊肿病

【病原或病因】

本病是由虹彩病毒科的淋巴囊肿病毒引起的一种慢性皮肤瘤传染病。病毒粒子为二十面体，有囊膜。

【临床症状】

病情较轻时，发病鱼无明显症状。病情严重时食欲减退甚至不摄食，病鱼的皮肤、鳍条及体表各部位形成大小不一的囊肿物，颜色有白色、粉红色或黑色，较大的囊肿物上有肉眼可见的红色小血管，成熟的囊肿部位可见轻微出血，甚至形成溃疡（图3-34和图3-35）。

图 3-34　患淋巴囊肿病的框鲤

图 3-35　患淋巴囊肿病的框鲤腹面观

【流行病学】

该病为广泛流行的鱼病，水温10～25℃时呈流行高峰。可危害多种海、淡水鱼类，鲤鱼、牙鲆及石斑鱼等都可感染，主要危害当年鱼种，一般不会致死，被感染的鱼失去商品价值。主要通过接触、摄食等方式传染，在我国感染强度不大，呈偶发性。

【诊断】

根据流行病学、外表病症及病理变化可做出初步诊断，确诊需采用分子生物学方法。

【防治措施】

同草鱼出血病。

发病后应适当降低投喂量或停料数日，以减缓病毒的传播。恢复投料时加量添加抗病毒的药物（如板蓝根等）及免疫增强剂（如黄芪多糖）等可以控制病情发展。该病创伤较大，细菌继发感染的概率高，治疗时可在饲料中添加抗生素。

发病池塘的尾水经消毒处理后排放，对池底彻底清塘，杀灭池中病原。

八、加州鲈弹状病毒病

【病原或病因】

此为加州鲈苗种由弹状病毒感染后继发细菌、真菌感染而形成的恶性传染病，传播速度快，危害极大，可给加州鲈苗种造成巨大损失。

【临床症状】

濒死鱼苗出现狂游、打转或静卧池边的情况，部分濒死鱼有拖便或肛门流脓的现象，检查濒死鱼可见体表病灶部位鳞片脱落、溃烂，腹部发白或发红，部分鱼有水霉的继发感染。感染鱼出现的部分典型症状如图3-36～图3-41所示。

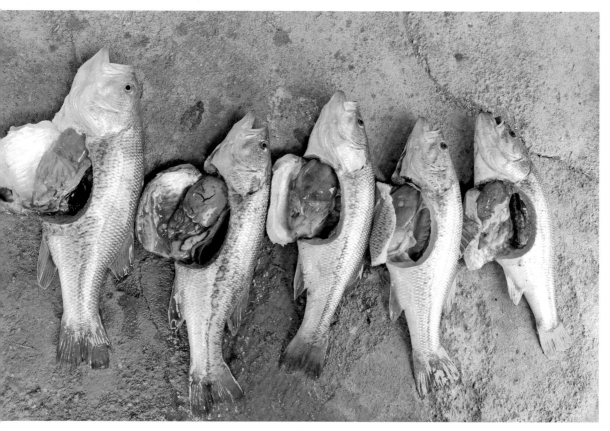

图 3-36　患病鱼内脏图

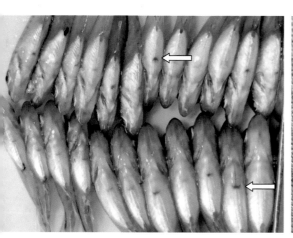

图 3-37　患病鱼腹部典型症状

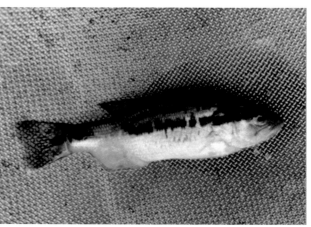

图 3-38　继发水霉感染

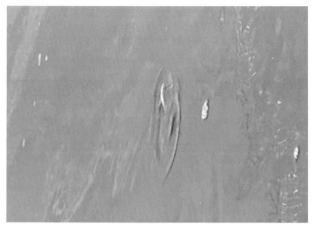

图 3-39　濒死鱼打转狂游

图 3-40　濒死鱼肛门病变

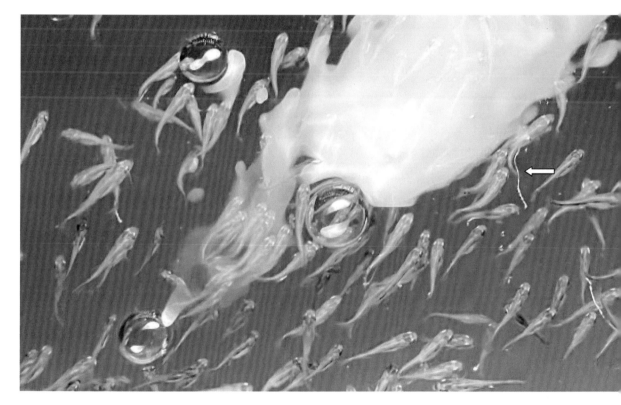

图 3-41　发病鱼有拖便现象

【流行病学】

加州鲈弹状病毒病在加州鲈主产区均有发生，发病时间根据区域不同主要集中在4～6月和9～11月，最适发病水温25～28℃，通常发生在水温剧烈波动时，主要危害加州鲈苗种。该病有水平传播和垂直传播两种方式，传播速度快、潜伏期短、死亡率高，严重时主产区超过80%池塘发病，死亡率可高达90%，是制约加州鲈苗种成活率的主要疾病。

消化道损伤可能是诱使弹状病毒病暴发的重要因素，主要包括：①饵料适口性差。②浮游动物个体偏大或偏小。③植物性原料导致的消化道损伤。④苗期营养不够。

另苗池水存在交叉感染等与上面因素共同导致了该病的暴发，后期继发性的细菌、真菌感染加剧了鱼的死亡速度及数量。

【诊断】

根据流行病学、外表病症及病理变化可做出初步诊断，确诊需采用分子生物学方法。

【防治措施】

（1）预防

①严格执行苗种检疫。②严格进行封闭式管理（严禁外人进入育苗区），重点关注曝气头形成的微水滴、工具甚至饵料带毒的可能，形成育苗区的管理规范。③强化鱼苗投喂管理，严格把控饵料的适口性，人工配合饲料搭配优质乳酸菌或者发酵饲料一起投喂。④加强对苗种的检查，重点关注寄生虫及消化道的镜检，发现问题第一时间处理。⑤发病的养殖场所彻底消毒。

（2）治疗　发病前期可用氟苯尼考+免疫增强剂拌料投喂，停药后用发酵饲料拌料。

大量发病以后及时捞出濒死鱼，同时用优质碘制剂或者抗病毒的中草药泼洒，适当降低气头的气量，降低水流流速，幼苗要把握中草药的剂量，避免畸形鱼的出现。

九、加州鲈虹彩病毒病

【病原或病因】

蛙虹彩病毒（目前主要的病原）及细胞肿大虹彩病毒（传染性脾肾坏死，检出率较低）。

【临床症状】

（1）蛙虹彩病毒病　幼苗到成鱼均可发病，急性感染体表无明显症状，鱼腹部、腹鳍、臀鳍等充血发红；慢性感染时病鱼在水面漫游，鳃丝出血或发白（图3-42），体表及颊部（图3-43）出现灰白圆形的溃疡灶（注意与诺卡菌感染相区分）；少数病鱼肝脏有出血点（图3-44），肾脏肿大，解剖肠道偶见肠壁点状出血（图3-45）。

（2）细胞肿大虹彩病毒病　体表无明显病灶，下颌至腹部充血发红，各鳍条基部充血发红；鳃丝发白有出血点，围心腔有充血或者血块；肝脏肿大、脾脏发黑，肾脏出血肿大。

图 3-42　患病鱼鳃丝发白

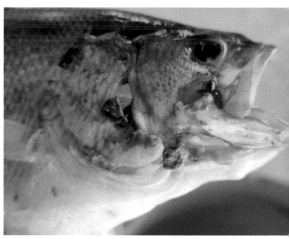

图 3-43　患病鱼颊部溃烂

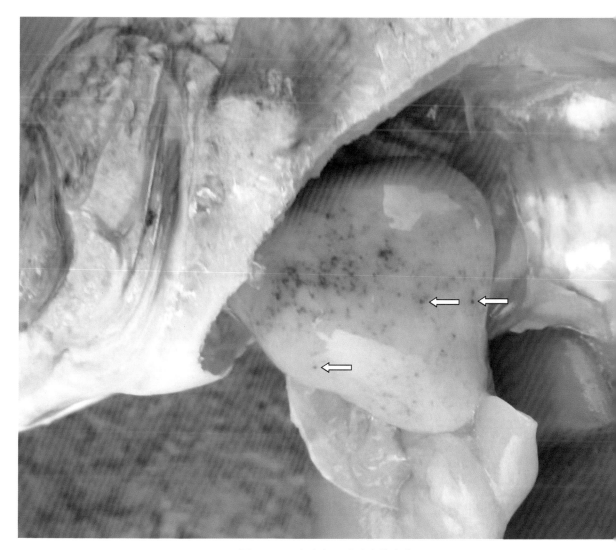

图 3-44　患病鱼肝胰脏点状出血

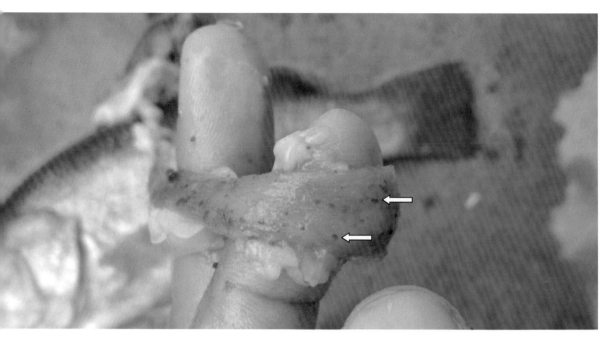

图 3-45　患病鱼肠道点状出血

【流行病学】

发病水温为 25～32℃，30℃为加州鲈虹彩病毒病最适发病水温。各种规格的鱼均可发病，成鱼体表溃烂等症状明显（图 3-46）。该病主要通过接触及食入带毒鱼饵进行传播，暂未有垂直传播的报道，两栖动物及水鸟可以成为带毒寄主。

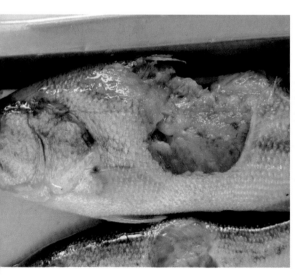

图 3-46　患病鱼体表深度溃疡

【诊断】

根据流行病学、外表病症及病理变化可做出初步诊断，确诊需采用分子生物学方法。

【防治措施】

（1）预防方法

① 严格执行苗种检疫。

② 强化投喂管理，严格把控饵料的适口性及质量，人工配合饲料搭配优质乳酸菌或者发酵饲料一起投喂。

③ 敏感温度到来前10～15天，加量投喂免疫增强剂或者抗病毒中草药。

④ 加强对鱼体的检查，发现问题及时处理。

（2）治疗措施　同草鱼出血病。

十、黄鳍鲷虹彩病毒病

【病原或病因】

为新发疾病，病原为虹彩病毒。

【临床症状】

濒死鱼离群独游，体色变淡，外观无明显异常（图3-47、图3-48），打开腹腔可见少量无色透明腹水，肝胰脏点状出血（图3-49），腹腔膜点状出血，胃肠道无食物，肠道没有脓液。

【流行病学】

该病近几年在珠海等黄鳍鲷主产区开始发生，主要感染鱼种及成鱼。发病水温21～32℃，最适发病温度23～30℃，3月开始发病，6～8月间为发病高峰，9～11月逐渐减少。

图 3-47　患病黄鳍鲷正面观
腹部膨大

图 3-48　患病黄鳍鲷侧面观

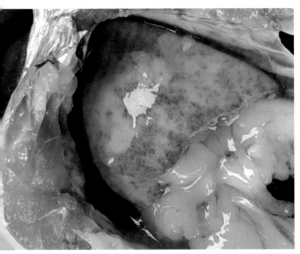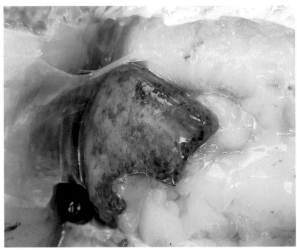

图 3-49　患病黄鳍鲷肝胰脏点状出血

【诊断】

根据流行病学、外表病症及病理变化可做出初步诊断，确诊需采用分子生物学方法。

【防治措施】

（1）预防方法

① 严格执行苗种检疫。

② 强化投喂管理，严格把控饵料的适口性及质量，人工配合饲料搭配优质乳酸菌或者发酵饲料一起投喂。

③ 敏感温度到来前 10 ～ 15 天，加量投喂免疫增强剂或者抗病毒中草药。

④ 加强对鱼体的检查，发现问题及时处理。

（2）治疗措施　同草鱼出血病。

十一、鲤春病毒病

【病原或病因】

病原为弹状病毒。

【临床症状】

病鱼因游动失衡、活力丧失而聚集于进排水口处。观察濒死鱼可见体色发黑，眼球突出（图3-50），体表出现不同程度的充血或出血（图3-51），肛门红肿，有时可见腹水从肛门流出；解剖濒死鱼腹腔内有大量带血的腹水，肝、肾肿大、出血（图3-52），肠道结构完整（图3-53），鱼鳔点状出血（图3-54）。

图 3-50　患病建鲤眼球突出，体色发黑

图 3-51　患病建鲤眼球突出，体表局部出血

图 3-52　患病建鲤解剖图，可见肝胰脏出血

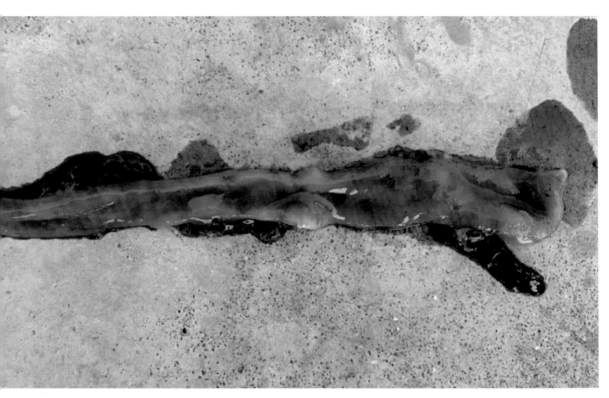

图 3-53　患病鱼肠道结构完整，脾脏肿大

图 3-54　患病建鲤的鱼鳔点状出血

【流行病学】

该病流行于春季高密度养殖池塘，发病温度为12～18℃，当水温升高到22℃以上并持续一段时间，病鱼可自愈。其在我国呈散在发生。保守治疗时一般不会引起大批死亡，处理不当则死亡率可达80%以上。主要危害各种鲤鱼的鱼苗及鱼种，通过鱼体接触的方式进行传播。2022年鲤春病毒病已经由一类水生动物疫病改为二类水生动物疫病。

【诊断】

根据流行病学、外表病症及病理变化可做出初步诊断，确诊需采用分子生物学、细胞培养技术或者电镜观察。

【防治措施】

同鲤鱼痘疮病。

第四章
常见淡水鱼细菌性疾病诊断与防治

一、细菌性烂鳃病

【病原或病因】

该病病原为柱状黄杆菌,属革兰阴性菌,可危害鱼、虾、蟹等各种水生动物。该病为常见病及多发病,几乎每个池塘都会发生。

【临床症状】

病鱼缓游或静卧于池塘下风及背风处,体色发黑(尤其是头部),也称为"乌头瘟"。鳃盖骨内表皮充血发炎,严重时中间部分的表皮腐蚀成一个圆形不规则的透明小孔,俗称"开天窗"(图4-1)。剪去鳃盖骨可见黏液增多,鳃丝腐烂,常带有污泥和杂物碎屑(图4-2~图4-4),严重时鳃丝腐蚀,软骨外露(图4-5)。镜检可见鳃丝上有大量血窦(图4-6)。

图4-1 患病草鱼鳃盖腐蚀呈一透明小孔,外观"开天窗"

图 4-2 患病草鱼鳃丝腐烂

图 4-3 患病鳙鳃丝腐烂，发黄

图 4-4 患病草鱼、银鲫鳃丝末端腐烂，黏附有有机质、污物等

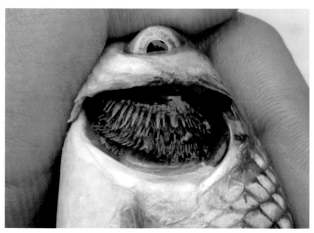

图 4-5 患病草鱼鳃丝腐烂，软骨外露

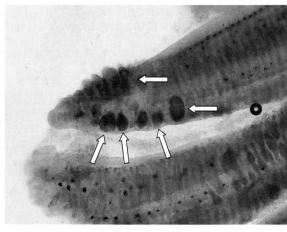

图 4-6 患病草鱼鳃丝显微图
示鳃部血窦

【流行病学】

可危害草鱼等几乎所有鱼类及南美白对虾、河蟹等甲壳类养殖动物，从苗种至成体均可发生，尤其以一龄草鱼发病严重。本病一般流行于4～10月，夏季流行最多，在水温15℃以上时开始流行；15～30℃范围内发病率随水温升高而增加，常与细菌性肠炎、赤皮病、细菌性暴发性出血病等并发。

【诊断】

根据鳃丝溃烂、鳃盖开天窗等症状可作出初步诊断，确诊需结合鳃丝镜检结果以判断是否为寄生虫诱发，另鲤鱼疱疹病毒病亦有典型的鳃丝溃烂的症状，但是其还有头骨凹陷、眼球凹陷等其他典型特征，鲤鱼的烂鳃病的诊断需慎重。

【防治措施】

（1）预防方法

①彻底清塘，杀灭池塘底部及池梗的病原，可降低该病的发生率。②易发病季节在投饵台周围使用氯制剂或生石灰等挂袋，可预防该病的发生。③调节好水质，改良底质，降低水体中有机质含量，可降低此病的发生率。④定期对鱼做标准化体检，控制鳃部寄生虫数量，可降低该病的发生率。

（2）治疗措施

外用：一旦发生此病，可使用优质碘制剂泼洒，用含量为10%的聚维酮碘溶液500mL泼洒1～2亩，隔天再用一次。

内服方案：恩诺沙星拌饲内服，剂量为每千克鱼体重20～40mg，每日两次，连用5～7日；或者氟苯尼考拌饲内服，剂量为每千克鱼体重10～20mg，每天一次，连喂5～7天。

（3）注意事项

① 除了细菌可引起烂鳃外，寄生虫感染、水质过酸或者过碱、高浓度高腐蚀性的药物泼洒不均匀等情况也可引起烂鳃，诊断时需结合鳃部镜检、水质检测及用药情况询问等工作具体分析、对症下药，方能取得较好的治疗效果。

② 氯制剂刺激性较大，应避免用于鳃病的处理。

③ 市售水产药物质量参差不齐，尤其是内服使用的抗生素，效果差异很大。选择有资质的企业生产的药物方可保证质量，达到治疗效果。

二、赤皮病

【病原或病因】

病原为荧光假单胞菌，它是一种需氧的革兰阴性菌。本病是一种常见的体外传染性疾病，属于常见病、多发病。

【临床症状】

病鱼离群独游，发病初期病灶部位色素消退、发白（图4-7），随着感染进一步加深，病灶部位充血发红（图4-8）。严重时病鱼皮肤出血、发炎，鳞片松动、脱落（图4-9～图4-12），少量鱼鳍条末端部分或全部腐烂，形成柱鳍症状（图4-13）。赤皮病通常发生在鱼体受伤且没有及时消毒处理的情况下，为条件致病性疾病。

图 4-7　患病的草鱼病灶部位发白

图 4-9　患赤皮病的草鱼鳞片脱落，
体表溃烂

图 4-8　患赤皮病的海鲈
示腹部充血发红

图 4-10　患赤皮病的草鱼

图 4-11　患赤皮病的银鲫
示肌肉溃烂

图 4-12　患赤皮病的鳑鲏病灶部位
出血、继发水霉感染

图 4-13　患赤皮病初期的
草鱼尾鳍末端腐蚀

【流行病学】

主要流行于水温较高的养殖季节，对青鱼、草鱼、鲫鱼等多种淡水鱼都有危害，从鱼种到成鱼都可发生，危害较大。常与细菌性烂鳃病、细菌性肠炎病并发。

【诊断】

根据症状及病理变化可做出初步诊断，确诊需进行细菌分离、培养、鉴定及回感等试验。

【防治措施】

（1）预防方法

① 彻底清塘，定期清淤，杀灭池塘底部及池梗的病原。

② 易发病季节在投饵台周围使用氯制剂（生石灰）等泼洒或挂袋，可预防该病的发生。

③ 调节好水质，降低水体中有机质含量，可降低此病的发生率。

④ 在捕捞、运输、产卵后等关键节点及时对鱼体进行消毒，促进伤口恢复，可阻断病原菌的侵袭。

（2）治疗措施

外用：一旦发生此病，使用优质碘制剂或含氯消毒剂全池泼洒，如采用含量为10%的聚维酮碘溶液500mL泼洒1～2亩，隔天再用一次；或采用二氧化氯兑水后全池泼洒，每亩水体使用100g，病情严重时连续使用2～3次，每日1次。

内服：恩诺沙星拌饲内服，每日两次，剂量为每千克鱼体重20～40mg，连用5～7日；或者氟苯尼考拌饲内服，剂量为每千克鱼体重10～20mg，每天一次，连喂5～7天。

（3）注意事项　本病为条件致病，鱼体受伤是发病的必要条件。因此在可能导致鱼体受伤的操作后应第一时间进行处理，防止病原菌的继发感染。外用消毒剂的剂量与水体的有机质含量以及藻类丰度等相关，在有机质丰富、水质较肥的水体施药时应适当增加剂量。

三、肠炎病

【病原或病因】

病原为肠型豚鼠气单胞菌，为革兰阴性菌。该病是一种常见的消化道疾病。

【临床症状】

发病初期鱼体发黑，食欲减退，外观无其他明显症状。池塘中有大量漂浮的粪便（图4-14），解剖后可见肠壁局部或全部充血发炎，肠道内无食物或有少量食物（图4-15），随着疾病的发展，腹部膨大，肛门红肿（图4-16），解剖后可见腹腔中有黄色或红色腹水。整个肠道充血发红，肠管松弛，肠壁薄、无弹性，轻拉易断，肠道中有黄色脓液或气泡（图4-17～图4-19），有时肠系膜、肝胰脏等也有充血现象。

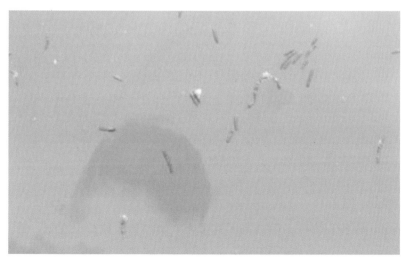

图4-14　水面有大量粪便是肠炎初期的表现

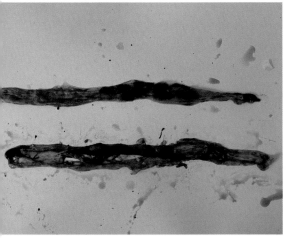

图 4-15　患肠炎病的黑鱼肠壁　　　　　　图 4-16　患肠炎病的斑点叉尾鮰
　　　　　充血，无食物　　　　　　　　　　　　　肛门充血发红

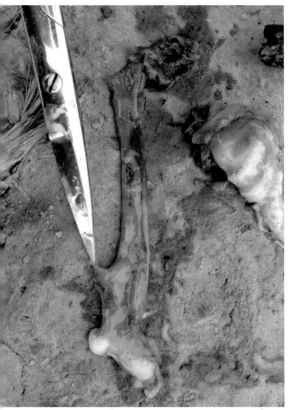

图 4-17　患肠炎病的草鱼肠道内充满黄白色脓液

【流行病学】

　　可感染草鱼、青鱼、团头鲂等几乎所有鱼类，幼鱼至成鱼都可发生，摄食量越大的鱼越容易发生此病，可引起较大的死亡率，流行季节为 4～9 月。过量投喂、饵料适口性差是主要的诱发因素，底质恶化、淤泥沉积、水中有机质含量过高的鱼池和投喂变质饵料时

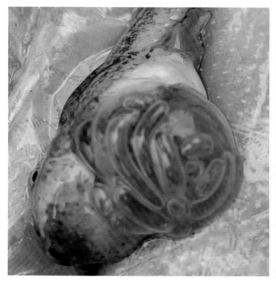

图 4-18　患肠炎的蝌蚪肠道严重充气

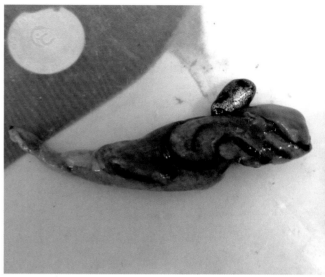

图 4-19　患肠炎病草鱼的内脏团外观
示肠道发红

也会发生此病。

【诊断】

根据症状及病理变化可做出初步判断。确诊需对病原进行分离、纯化、鉴定及回感。

【防治措施】

（1）预防方法

① 彻底清塘，定期清淤，杀灭池塘底部及池梗的病原。

② 易发病季节提前在饲料中添加乳酸菌（丁酸梭菌）或者优质发酵饲料拌喂，可预防该病的发生。

③ 根据天气灵活调整投饵率，投喂适口性好的饲料；阴雨天气、溶解氧不足时、温差较大时适当降低投饵率或停止投饵，可降低该病的发生率。

④ 建立标准化的鱼体检查步骤，重点对消化道尤其是肠道进行检查，关注消化道寄生虫及溃疡情况，发现问题及时处理。

（2）治疗措施

一旦发病后，可降低投饵率至正常时的三分之二，同时采取下列措施处理：

外用：使用含氯制剂兑水后全池泼洒，剂量为 1.5～2.0g/m³ 水体，隔天再用一次或者用优质碘制剂全池泼洒，如用含量为10%的聚维酮碘溶液500mL泼洒1～2亩，隔天再用一次。

内服：

① 氟苯尼考内服，剂量为每千克鱼体重10～20mg，每日一次，连喂5～7日。

② 恩诺沙星内服，剂量为每千克鱼体重20～40mg，每日两次，连用5～7日。

（3）注意事项

① 氟苯尼考对肠炎病的治疗效果优于恩诺沙星，生产中治疗肠炎病应优先选择氟苯

尼考。

②有养殖户将大蒜素、三黄粉等作为预防药物长期添加于饲料中，该做法可能导致肠道菌群紊乱，停药后易诱发肠炎。

③大蒜素、三黄粉等在治疗肠炎时配合主药使用可提高治疗效果。

④治疗期间保持低投饵率，治愈后使用乳酸菌（丁酸梭菌）或者发酵饲料拌服7～10天，可调整肠道状态，防止复发。

四、疖疮病

【病原或病因】

病原为疖疮型点状产气单胞菌，属革兰阴性菌。该病是一种常见的散在发生的疾病。

【临床症状】

病鱼静卧池边或离群独游，体表形成感染病灶，病灶一般位于背鳍基部两侧，随着病情的发展，病灶处皮肤及肌肉颜色变淡（图4-20），患部软化，向外隆起形成脓疮，脓疮内充满脓汁、血液和大量细菌。切开患处，可见肌肉溶解，呈灰白色的凝乳状（见图4-21～图4-23）。患疖疮病的金鱼，背部病灶凸出于体表（图4-24）。

图4-20　患疖疮病的黄颡鱼

示背部肌肉隆起，色素消退

(a) 患疖疮病的鲫, 示背部隆起

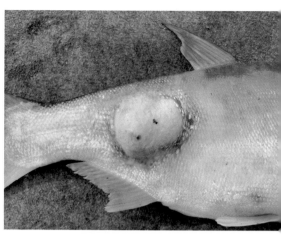

(b) 患疖疮病的白鲢, 示体表的疖疮

图 4-21　患疖疮病的鱼

图 4-22　患疖疮病的鲫

示背部隆起, 表皮溃烂, 病灶部位切开后肌肉溶解, 呈灰白色

图 4-23　患疖疮病的团头鲂

示背鳍基部隆起

图 4-24　患疖疮病的金鱼

示背部病灶凸出于体表

【流行病学】

主要危害团头鲂、青鱼、鲫鱼等鱼的鱼种及成鱼，幼鱼患该病的概率较低。本病无明显的流行季节，一年四季都可发生，呈散在性出现，少有大规模暴发的案例，危害不大。

【诊断】

根据该病的症状、流行情况及病理变化可做出诊断，确诊需对病灶部位进行细菌分离、鉴定及回感。

【防治措施】

同细菌性烂鳃病。

五、细菌性败血症

【病原或病因】

引起该病的病原主要是嗜水气单胞菌，另温和气单胞菌、豚鼠气单胞菌等也可引起该病发生，它们均属革兰阴性菌。

【临床症状】

濒死鱼体表充血、出血严重（图4-25，图4-26），病鱼的吻端、下颌、眼球、鳃盖、各鳍条充血（图4-27～图4-31），肛门红肿出血（图4-32），腹部膨大，有红色带血腹水，肝、脾、肾肿大，严重出血，肠道黏膜出血、发红（图4-33）。

【流行病学】

细菌性败血症可引起几乎所有鱼类暴发性死亡，是造成养殖淡水鱼损失最大的一种细菌性疾病，流行时间在5～9月份，水温越高，流行概率越大，暴发性也越强，致死率也越高（图4-34）。该病更容易发生于淤泥较厚、长期不清淤或清塘不彻底的池塘，这样的池

图4-25 患败血症的草鱼

示鳔严重出血

图4-26 患败血症的鲫（一）

示全身充血严重

图4-27 患败血症的鳊鱼，口腔、
眼球、鳃盖充血

图4-28 患败血症的鲫，头部、
鳃盖充血严重

图4-29 患败血症的鲫（二）
示鳍条出血、肛门充血

图4-30 患败血症的鲢
示胸鳍基部溃烂出血

图4-31 患败血症的鳙
示咽部、鳃丝、胸鳍严重充血

图4-32 患败血症的鲫肛门
红肿外凸

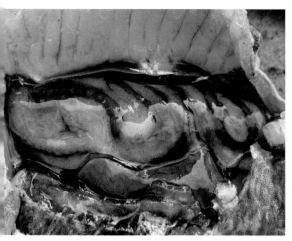

图 4-33　患败血症的鳊鱼解剖图，腹腔有　　　　图 4-34　败血症可导致各种鱼类
　　　带血腹水，肝胰脏、肠系膜、肠道出血　　　　　　　大量死亡

塘一旦发生过该病后，往往每年都会发生。

【诊断】

根据头部、体表、鳍条、内脏及消化道出血的症状结合发病的水温、死亡鱼的种类基本可以确诊。具体诊断时还需关注甲壳类寄生虫主要是锚头蚤的寄生情况及底质恶化的情况，以判断具体的诱因，为精准治疗作准备。

【防治措施】

（1）预防方法

① 充分晒塘，彻底清塘，杀灭池塘底部及池梗的病原菌。

② 易发病季节在投饵台周围使用含氯制剂（生石灰）等泼洒或挂袋，可预防该病发生。

③ 调节好水质，降低水体中有机质含量，保持水质优良、稳定。

④ 重点关注锚头蚤等大型甲壳类寄生虫的寄生状况，其叮咬鱼体后形成的伤口在高温季节极易造成细菌继发感染，导致该病暴发。高温季节花白鲢的细菌性败血症大多与锚头蚤的叮咬有关。

⑤ 高温季节，暴雨前一天使用化学改底药物，可避免雨后有害细菌及池底废物的集中释放；雨后及时泼洒消毒剂，可促进鱼体伤口恢复，降低有害细菌数量，这些均可避免细菌性败血症的暴发。

（2）治疗措施

外用：

① 一旦发生此病，使用优质碘制剂全池泼洒，采用含量为10%的聚维酮碘溶液每亩泼洒500mL，隔天再用一次。

② 苯扎溴铵溶液全池泼洒，剂量为0.5～1.0g/m³水体，隔天再用一次。

③ 含氯制剂全池泼洒，剂量为1.5～2.0g/m³水体，隔天再用一次。

内服：

① 恩诺沙星（可复配硫酸新霉素）拌饲内服，每日两次，剂量为每千克鱼体重

20 ～ 40mg，连用 5 ～ 7 日。

② 氟苯尼考拌饲内服，剂量为每千克鱼体重 10 ～ 20mg，每日一次，连喂 5 ～ 7 日。

（3）注意事项

① 该病为条件致病，水体中病原菌数量较多，以及鱼体或消化道存在伤口等条件同时存在时，才会导致该病发生。因此加强鱼体检查频率，及时对体表及消化道伤口进行处理对该病的预防有重要意义。

② 寄生虫尤其是锚头蚤是诱使该病暴发的重要因子，需加强关注。

③ 该病的危害程度与水温成正比，温度越高，暴发越快，死亡量也越大，一旦确诊后，应第一时间给药处理，避免造成大的损失。

④ 斑点叉尾鮰等肉食性鱼类养殖池塘的花白鲢等因该病死亡后，应及时将病死鱼打捞，否则健康的斑点叉尾鮰会啃食病死鱼，将高致病的病原摄入消化道，一旦消化道有溃疡等入侵途径，病原就会入侵引起发病。

⑤ 选择外用消毒剂时应结合水质情况进行，水质不良、天气不好时，应慎用苯扎溴铵等表面活性剂，其对藻类影响较大，可能导致藻类死亡引起泛塘。

六、体表溃疡病

【病原或病因】

病原有维氏气单胞菌、嗜水气单胞菌、温和气单胞菌等，均为革兰阴性菌。该病是一种以在鱼体体表形成形态各异、大小不等的溃疡为主要特征的常见疾病。

【临床症状】

发病初期病灶部分颜色变淡（图 4-35、图 4-36）、褪色（图 4-37）并出现充血和出血（图 4-38）。随着病情发展，病灶处鳞片脱落、表皮坏死，露出肌肉（图 4-39 ～ 图 4-41），严重时肌肉腐蚀，甚至露出骨骼及内脏，病鱼逐渐死亡。

图 4-35　患病斑点叉尾鮰
示患病初期病灶部位色素消退，发白

图 4-36　患体表溃疡病的黄颡鱼
示病灶色淡

图 4-37　患体表溃疡病的红鲴

示体表病灶部位颜色变淡

图 4-38　患体表溃疡病的镜鲤

示体表出现不规则溃疡斑

图 4-39　患体表溃疡病的鲫

示体表鳞片脱落，露出肌肉

图4-40　患体表溃疡病的斑点叉尾鮰（一）
示体表溃疡斑

图4-41　患体表溃疡病的斑点叉尾鮰（二）
示溃疡部位烂及肌肉

【流行病学】

可以危害如鲢、鲫鱼、鲤鱼、黄颡鱼、斑点叉尾鮰等几乎所有温水性淡水养殖鱼类，主要流行于春末夏初气温回升期，此病的发生与饲料投喂管理不当导致鱼体体质偏弱及水质或底质的恶化有一定的关系。

【诊断】

根据症状及病理变化，可做出初步判断。确诊需要对致病菌进行分离、鉴定，做回感实验。作诊断时，还应询问具体的养殖管理细节。

【防治措施】

（1）**预防方法**　同细菌性出血病。

（2）**治疗措施**

外用：一旦发生此病，使用优质碘制剂泼洒，用含量为10%的聚维酮碘溶液500mL泼洒1～2亩，隔天再用一次。

内服：无鳞鱼如黄颡鱼感染此病后可用氟苯尼考复配盐酸多西环素一起拌饲内服，剂量为氟苯尼考每千克鱼体重10～20mg，盐酸多西环素每千克鱼体重20～40mg，每日一次，连喂5～7日；有鳞鱼可用恩诺沙星拌饲内服，每日两次，剂量为每千克鱼体重20～40mg，连喂5～7日。

（3）**注意事项**　体表溃疡病虽为细菌感染所致，但与上一年秋季饲料投喂不当有很大关系。有养殖户认为秋季水温较低，鱼类生长缓慢，因此饲料投喂量偏低，质量不高，这就造成了鱼类越冬期没有储备充足的营养，体质下降，在春季水温回升，细菌大量滋生时形成发病。加强秋冬季投喂管理及消化道健康管理，可大幅降低该病发生率。

七、白皮病

【病原或病因】

病原为荧光假单胞菌，属革兰阴性菌。

【临床症状】

发病初期病鱼尾柄或背鳍处出现白点，后白点迅速蔓延、扩大，直至体表或尾鳍基部全部发白（图4-42、图4-43）。严重时病鱼鳍条腐烂脱落，不久即死亡。

图4-42　患白皮病的鲢背部皮肤色素
消退，发白

图4-43　患白皮病的鳙背部皮肤色素
消退，发白，病灶边缘充血

【流行病学】

主要流行于6～9月的高温季节，鲢、鳙是主要危害对象，幼鱼发生率高于成鱼。

【诊断】

根据症状及病理变化，可做出初步判断；确诊需要对致病菌进行分离、鉴定，做回感实验。

【防治措施】

（1）**预防方法**　同细菌性出血病。

（2）**治疗措施**

外用：

① 一旦发生此病，使用优质碘制剂泼洒，用含量为10%的聚维酮碘溶液500mL泼洒1～2亩，隔天再用一次。

② 苯扎溴铵溶液按说明剂量全池泼洒，隔天再用一次。

内服：恩诺沙星拌麸皮内服，每日两次，剂量为每50kg麸皮用含量为10%的恩诺沙星

400g，加2 ～ 2.5kg食用油一起拌匀后投喂。如果发病鱼以白鲢为主，则在下风三分之一处抛洒，如果发病鱼以花鲢为主，则在投饵台周围及池塘四周多撒。

（3）注意事项

①白鲢性子急，拉网、运输时极易跳动，造成受伤。在拉网前可泼洒促镇静类中草药，使其安静，降低受伤概率。②该病的危害程度与水温成正比，温度越高，暴发越快，死亡量越大，一旦确诊后应及时治疗，以避免造成更大的损失。

八、竖鳞病

【病原或病因】

病原为水型点状假单胞菌，为革兰阴性菌。该病是低温期较为流行的养殖鱼类常见传染性疾病。

【临床症状】

病鱼静卧池边或离群独游（图4-44），体色发黑（图4-45），眼球突出（图4-46、图4-47），腹部膨大，病灶部位鳞片竖立（严重时全身鳞片竖立）（图4-48、图4-49），鳞囊内充满大量含血的渗出液（图4-50），用手轻压鳞囊，渗出液喷射而出，鳞片随即脱落。解剖病鱼可见腹腔积水，内脏出血严重（图4-51），部分病鱼有尾鳍出血的现象。

图 4-44　患竖鳞病的银鲫水中形态图

图 4-45　患竖鳞病的银鲫（一）
示体色发黑，鳞片竖立

图 4-46　患竖鳞病的银鲫背面观
示眼球凸出、鳞片竖立

图 4-47　患竖鳞病的乌鳢
示眼球突出、鳞片竖立

图 4-48　患竖鳞病的银鲫侧面观
示鳞片竖立，体表出血

图 4-49　患竖鳞病的银鲫腹面观
示鳞片竖立，体表出血

图 4-50　患竖鳞病的鲫
示鳞囊内充满含血渗出液

【病理学特征】

病鱼鳍条基部及体表轻微充血，眼球突出，腹部膨大，腹腔有积水。

【流行病学】

主要流行于冬季和春季，流行水温6～22℃，死亡率可高达50%以上。主要危害鲤、鲫、草鱼等鱼类，幼鱼及成鱼都可发生，幼鱼发生概率更高。水质恶化、鱼体体弱且受伤时最易暴发。

【诊断】

根据症状及病理变化，可做出初步判断。确诊需对致病菌进行分离、鉴定及回感。

【防治措施】

（1）预防方法

① 做好秋季养殖管理，科学投喂，提升体质，改善底质。

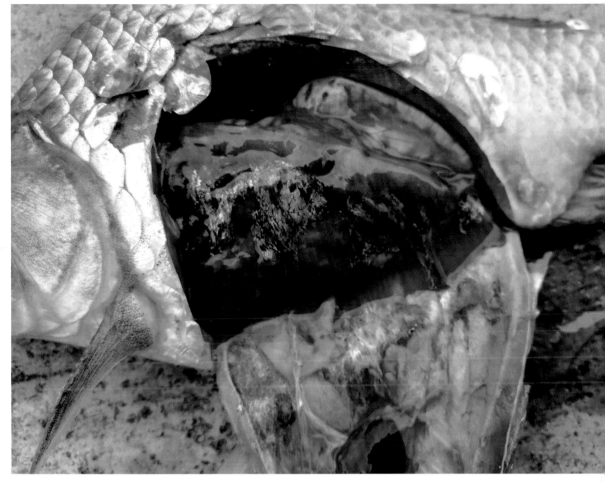

图 4-51　患竖鳞病的银鲫（二）

示腹腔积水、内脏严重出血

② 入冬前调节好水质，使水体保持一定的肥度及溶解氧。

（2）治疗措施

外用：

① 一旦发生此病，使用优质碘制剂全池泼洒，用含量为10%的聚维酮碘溶液500mL泼洒1～2亩，隔天再用一次。

② 含氯制剂兑水后全池泼洒，剂量为1.5～2.0g/m³水体，隔天再用一次。

内服：视投饵率情况灵活调整内服方案，投饵率达到1%以上时可用恩诺沙星拌饲内服，每日两次，剂量为每千克鱼体重30～50mg，连用5～7日。或用氟苯尼考拌饲内服，剂量为每千克鱼体重20～40mg，每日一次，连喂5～7日。

（3）注意事项

① 该病原为条件致病菌，鱼体出现伤口后才会发病，因此低温期及时关注鱼体健康、定期体检很有必要。

② 发病时水温较低，若投饵率较低或不投饵时，治疗应以外用为主。

③ 发病初期症状不明显，若发现濒死鱼体色发黑、腹部膨大、眼球突出，但鳞片竖立

不典型时，也应按此病快速处理。

④ 越冬期天气晴好时适当投喂，维持体质优良，可降低该病的发生率。

九、烂尾病

【病原或病因】

本病由嗜水气单胞菌、温和气单胞菌等常见致病菌感染引起，以鱼类尾鳍溃烂为主要特征。

【临床症状】

发病初期病鱼尾柄处发白或充血（图4-52），鳍条充血、末端腐蚀（图4-53～图4-55），严重时尾鳍全部腐蚀，尾柄部位肌肉溃烂，甚至露出骨骼，直至死亡（图4-56、图4-57）。

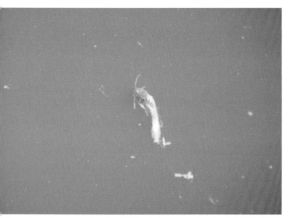

图4-52　患烂尾病的大口鲶
示尾柄发白，尾鳍溃烂

图4-53　患烂尾病的斑点叉尾鮰
示尾鳍溃烂

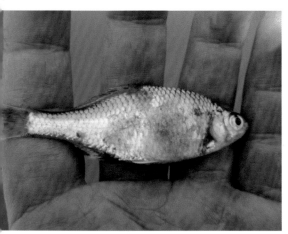

图4-54　患烂尾病的鳑鲏
示尾鳍溃烂，部分鳍条脱落

图4-55　患烂尾病的草鱼
示尾鳍末端腐蚀

图 4-56　患烂尾病的鲫
示尾鳍溃烂，尾鳍上叶脱落，尾柄出血严重

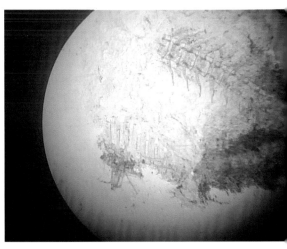

图 4-57　幼鲴尾鳍显微图片
示肌肉溃烂，露出骨骼

【流行病学】

可危害多种淡水鱼类，以春季发病较为集中，其他季节也可发生。

【诊断】

根据症状、流行病学及病理变化，可做出初步判断。

【防治措施】

同细菌性烂鳃病。

十、打印病

【病原或病因】

病原为点状产气单胞杆菌点状亚种，属革兰阴性菌。

【临床症状】

病鱼静卧池边或离群独游，外观可见病鱼腹部、肛门上部或尾鳍前部出现圆形或椭圆形的红色溃疡斑（图4-58～图4-60），溃疡部位鳞片脱落，周边充血发红，肌肉腐烂，严重时病灶逐渐扩大、加深，烂及内脏，很快死亡（图4-61）。溃疡外观似红色印章，故称"打印病"。

【流行病学】

一年四季都可发病，以夏秋两季最为常见，全国均可发生。主要危害鲢、鳙及加州鲈等鱼类，幼鱼至成鱼均可发病，严重时死亡率高达80%，危害较大。

【诊断】

根据流行病学、红色印章样病灶等症状及病理变化，可做出初步诊断。

图 4-58　患打印病的鲢
示腹部有红色印章样病灶

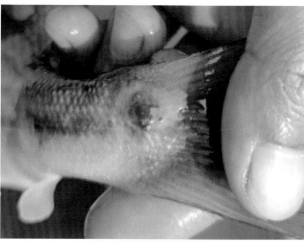

图 4-59　患打印病的加州鲈
示尾柄处有近圆形病灶

图 4-60　患打印病的白鲢
示尾柄处有近圆形病灶

图 4-61　鳙鱼打印病持续扩大后的病灶

【防治措施】

（1）预防方法　同细菌性出血病。

（2）治疗措施

外用：

① 一旦发生此病，使用优质碘制剂全池泼洒，用含量为10%的聚维酮碘溶液500mL泼洒1～2亩，隔天再用一次。

② 含氯制剂兑水后全池泼洒，剂量为1.5～2.0g/m³水体，隔天再用一次。

内服：花白鲢发病后，使用麸皮、食用油及以下药物之一拌匀后投喂。

① 恩诺沙星，每日两次，剂量为每千克鱼体重30～50mg，连用3～5日。

② 氟苯尼考，剂量为每千克鱼体重20～40mg，每日一次，连喂3～5日。投喂时需根据死鱼种类灵活调整投喂地点及方式。

（3）注意事项

① 该病为条件致病，鱼体出现伤口后才会发生，防止鱼体受伤是预防该病的重要途径。

② 细菌性疾病治疗期间切勿使用肥水（尤其不要使用肥水膏等生物肥），否则极易复发。

十一、大红鳃病

【病原或病因】

病原尚未明确，可能由气单胞菌属的某些细菌感染引起。按照革兰阴性菌引起的疾病处理，可取得较好的效果。

【临床症状】

濒死鱼体色发黑，大量聚集于进排水口及池塘下风处（濒死鱼数量较多，如图4-62所示）。检查濒死鱼可见眼球突出，鳃丝鲜红 [图4-63～图4-65，濒死鱼拿出水面数十秒后鳃丝颜色会由鲜红变成暗红色或苍白色（图4-66）]，下颌发黄（图4-67），各鳍条末端发白（图4-68），体表外观正常，全身无充血或出血等现象。解剖可见内脏粘连、出血，肝胰脏严重充血，腹腔有黄色半透明腹水，腹水接触空气后不久即凝固为果冻样（图4-69、图4-70）。

图4-62 患病池塘在进排水口以及下风处有较多濒死鱼漂浮

图 4-63 患大红鳃的鲫（发病后期）
示鳃丝鲜红，鳃丝颜色红白相间，呈现花鳃状

图 4-64 患大红鳃的锦鲫

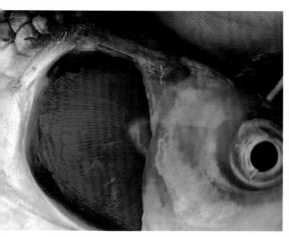

图 4-65 患大红鳃的草鱼
示鳃丝鲜红

图 4-66 患病黄鳍鲷捞出水面不久鳃丝
颜色变淡

图 4-67 患大红鳃的鲫
示下颌发黄

图 4-68 患大红鳃的鲫鱼
示尾鳍、臀鳍末端发白

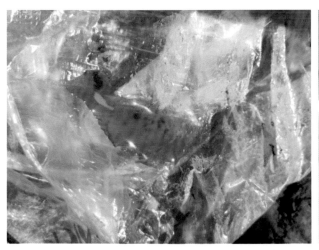

图 4-69　患病黄鳍鲷腹腔内的黄色腹水

图 4-70　患大红鳃的草鱼
示肠道出血

【流行病学】

全年有两次流行高峰，分别为5月至6月和9月底至10月中下旬，在水温18～28℃间最易流行。异育银鲫、草鱼、鲤鱼、鳊鱼等多种鱼类的鱼苗及鱼种可发生此病，珠三角地区高发的黄鳍鲷的"腹水症"也有相似症状。该病发病快，病程长，危害大，处理不当尤其是外用药物选择不当或在发病期内进水等可在短期内导致大量暴发，有全军覆没的可能。

还有一些情况也可引起鳃丝鲜红的症状，如苯扎溴铵或戊二醛泼洒时不均匀导致局部浓度过高、泼洒某些刺激性大的杀虫剂（主要是杀灭锚头蚤的药物）、pH值长期严重偏高等，但这些情况下的病鱼腹腔内没有黄色果冻样腹水，诊断时需要根据实际情况具体分析。

【诊断】

根据症状及病理变化，可做出初步判断；确诊需对水质进行检测，对施药情况进行询问，对鱼体进行现场诊察。

诊断要点：①濒死鱼鳃丝鲜红，拿出水面不久变为暗红色或苍白色；②腹腔有黄色半透明腹水，腹水接触空气后不久即凝固成果冻状。

【防治措施】

（1）预防方法

① 彻底清塘，充分晒塘，杀灭池塘底部及池梗的病原菌。

② 易发病季节在投饵台周围使用优质碘制剂泼洒或者挂袋，可预防该病的发生。

③ 调节好水质，降低水体中的有机质含量。

④ 水温快速回升期，使用EM菌、乳酸菌、发酵饲料等，防止池塘pH值长期偏高。

⑤ 泼洒药物时，应充分稀释后再均匀泼洒，避免局部浓度过高对鱼造成伤害。

（2）治疗措施

① 细菌感染引起的大红鳃

外用：第一天下午使用有机酸，第二天上午使用优质碘制剂全池泼洒，用含量为10%

的聚维酮碘溶液500mL泼洒1～2亩，隔天再用一次。

内服：恩诺沙星内服，每日两次，剂量为每千克鱼体重20～40mg，连用5～7日。

② pH值过高引起的大红鳃　外用：第一天下午全池泼洒柠檬酸等，第二天上午使用EM菌、乳酸菌或者发酵饲料。

③ 药物泼洒不均匀引起的大红鳃　第一时间打开增氧机，稀释表层药物浓度，同时大量换水，换水量不低于池水的三分之一；濒死鱼较多的区域使用维生素C。

（3）注意事项

① 正确分析发病原因是精准治疗的前提和基础。

② 若为细菌感染引起的大红鳃，在治疗后的第三、四天会出现死鱼高峰，数量较大，但是池塘中的濒死鱼数量会明显减少，需坚持用药，不久死鱼数量即可下降。

③ 发生细菌感染引起的大红鳃后，鳃丝功能受损，病鱼对药物及溶解氧都比较敏感，外用消毒剂只能选择碘制剂，若使用苯扎溴铵、二氧化氯等，则鱼的死亡量会快速上升甚至全军覆没。

④ 发病至治愈后的一个星期内，严禁进排水，严禁使用肥水膏等生物肥。

十二、异育银鲫鳃盖后缘出血病

【病原或病因】

病原尚未明确，相关鉴定工作正在进行，按照革兰阴性菌处理，可取得较好的效果，判断为细菌感染引起的疾病。

【临床症状】

濒死鱼离群独游，池塘下风处大量可见散在的漫游病鱼（图4-71）。病鱼体色正常，鳍条基本正常，有时可见尾鳍末端发白。濒死鱼鳃盖后缘有一项圈状出血带（图4-72、图4-73），剪开鳃盖可见内侧严重充血（图4-74），胸鳍基部出血严重，鱼体其他部位无充血及出血现象。解剖濒死鱼，肝胰脏颜色较淡（图4-75）。

【流行病学】

流行时间为6月至8月，水温18～32℃间最易发生。目前观测到的发病鱼种只有鲫鱼，可感染各个生长阶段的鲫鱼，尤其以鱼种发病率较高，成鱼也有少量发生，高峰期鱼种养殖区发病率可达50%，部分池塘死亡率超过80%。

【诊断】

根据流行病学及鳃盖后缘出血的典型症状可做出诊断。

【防治措施】

（1）预防方法　同大红鳃病。

（2）治疗措施

外用：一旦发生此病，使用优质碘制剂全池泼洒，用含量为2%的复合碘溶液500mL

图 4-71　异育银鲫鳃盖后缘出血病
可导致大量鱼死亡

图 4-72　患异育银鲫鳃盖后缘
出血的鲫（一）

图 4-73　患异育银鲫鳃盖后缘出血的鲫（二）
示鳃盖后缘出血、胸鳍基部出血

图 4-74　患异育银鲫鳃盖后缘出血的鲫（三）
示鳃盖后缘、鳃盖内侧出血严重

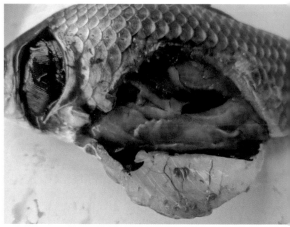

图 4-75　患异育银鲫鳃盖后缘
出血的鲫内脏解剖图

泼洒3亩，隔天再用一次。

内服：恩诺沙星内服，每日两次，剂量为每千克鱼体重20～40mg，连用5～7日。

（3）注意事项

① 对该病的治疗方法可参考由细菌感染引起的大红鳃病。

② 发病后使用优质碘制剂泼洒，连用两次对此病疗效确切。

③ 注意此病与异育银鲫鳃出血病的区别，避免误诊。

④ 发病后严禁大量进排水，不要使用肥水膏等生物肥。

十三、斑点叉尾鮰败血症（爱德华菌急性感染）

【病原或病因】

病原为鮰爱德华氏菌，为革兰阴性菌。

【临床症状】

本病是对斑点叉尾鮰危害极大的烈性传染病，急性感染与慢性感染的症状不同。急性感染时发病急，死亡率高（图4-76），病鱼腹部膨大，体表、肌肉可见细小的充血、出血斑（图4-77）及溃疡灶（图4-78），眼球凸出，鳃丝苍白，腹腔积水，肝胰脏、脾、肾肿大、出血，胃、肠道出血、有红色积液（图4-79～图4-81）。

慢性感染病程长，可见皮肤溃烂，甚至在头部形成溃疡灶（一点红）。

【流行病学】

一年有两次流行期，分别是5～6月和9～10月，最适流行水温24～28℃。可感染斑点叉尾鮰、云斑鮰、红鮰等的鱼种。发病急，死亡快，急性感染后2～3天发病率可达90%，死亡率也可达90%以上，危害较大。

图4-76 肠型败血症导致斑点叉尾鮰大量死亡

图4-77 患斑点叉尾鮰肠型败血症的鮰（一）
示体表密布细小的充血斑

【防治措施】

同水霉病。

注意事项:

①本病症状与细菌性烂鳃病等的症状相似,易造成误诊。②保持水质优良,尤其是控制水体中有机质含量是预防该病的关键,易发病季节可经常使用优质发酵饲料或者EM菌、乳酸菌等分解型有益菌,促使有机质分解。

第六章
常见淡水鱼寄生虫性疾病诊断与防治

一、指环虫病

【病原或病因】

病原为坏鳃指环虫等，主要寄生在淡水鱼类的鳃部。虫体有四个眼点（图6-1），头部分为四叶（图6-2），后端有盘状固着器一个，固着器有钩，可用于虫体的固定，属单殖吸虫类寄生虫（图6-3）。

【临床症状】

少量感染时无明显症状。大量寄生时，患病鱼体形消瘦，活力减弱，浮于水面。因其用钩固着在鱼的鳃丝，可导致鳃丝黏液异常分泌，鳃丝肿胀，鳃盖张开，病鱼呼吸困难，

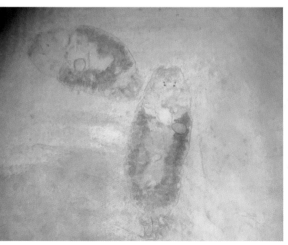

图6-1　指环虫显微图片
示4个眼点及固着锚钩

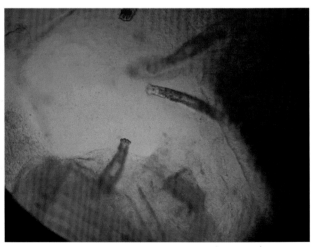

图6-2　患指环虫病的鳃丝显微图
示头部分4叶，有眼点

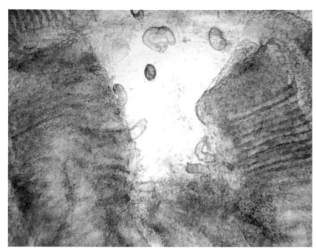

图6-3　指环虫寄生在鳃丝时的形态

图6-4　鲫鱼鳃丝被虫体叮咬后黏液
增多，颜色变淡

严重时可见鳃丝表面有一层蓝色的黏液层（图6-4）。其寄生于体表时，鱼体黏液异常分泌，病灶部位充血。

【流行病学】

指环虫是各种鱼类的常见寄生虫，可感染各种规格的鱼。主要流行于春末夏初，适宜寄生的温度为20～25℃。少量寄生时危害不大，大量寄生时可导致病鱼呼吸不畅甚至继发细菌感染，引起发病鱼死亡，危害较大。主要通过卵和幼虫传播。

【诊断】

取病鱼鳃丝制作鳃丝水浸片，镜检看到大量指环虫即可确诊。

【防治措施】

（1）预防

①养殖结束后每亩用250～300kg的生石灰带水清塘，以杀灭寄生虫幼虫和中间宿主。

②指环虫流行季节，在投饵台用渔用敌百虫挂袋3～5天，对预防指环虫等的效果确切。

③科学投喂，防止残饵、粪便的大量沉积，调节好池塘底质及水质，可预防指环虫的大量暴发。

（2）治疗

①渔用敌百虫兑水后全池泼洒，使水体浓度达0.7mg/L。

②用含量为8%的甲苯达唑溶液全池泼洒，剂量为120～150mL/亩。

③驱虫类植物精油如桉树精油等内服，每日一次，连喂3～5天，内服后可再用渔用敌百虫外泼。

（3）注意事项

①少量指环虫寄生时，对鱼体危害不大，可不处理。

② 甲苯达唑溶液为治疗指环虫的国标药物，首次使用时效果最好，但是该药易形成耐药性，不推荐作为预防药物使用。

③ 敌百虫应在上午使用，投喂过后的半小时再用。使用前需对池水的pH值进行检测，pH值超过9.0的池塘，禁止使用敌百虫。

④ 敌百虫有胃毒的功效，使用以后可能出现鱼类拒食的情况，此为正常现象，停药2～3天后可自行恢复。

⑤ 甲苯达唑对无鳞鱼毒性大，在无鳞鱼养殖中慎用。

二、三代虫病

【病原或病因】

病原为三代虫，主要寄生在淡水鱼类的鳃丝和体表（图6-5）。虫体无眼点，头部分为两叶（图6-6），后端有盘状固着器一个，固着器有钩，可用于虫体的固定。其形态、运动方式与指环虫相似，区分要点主要是眼点的有无及头部分叶的数量，属单殖吸虫类寄生虫。

【临床症状】

少量感染时鱼无明显症状。大量寄生时，患病鱼体形消瘦，体色暗淡失去光泽，活力减弱，浮于水面，鳃盖张开，鳃丝肿胀，黏液异常分泌，病鱼呼吸困难，严重时可见体表出现一层灰白色黏液层。寄生于体表时，鱼体黏液异常分泌，病灶部位充血。如图6-7、图6-8所示。

【流行病学】

三代虫是各种鱼类的常见寄生虫，鱼苗、鱼种、成鱼阶段均可感染，尤其对鱼苗及鱼种危害较大，在全国各地都有流行。主要流行于春末夏初，适宜寄生的温度为20～25℃。大量寄生时可导致病鱼呼吸不畅甚至继发细菌感染（图6-9）引起死亡，危害较大。

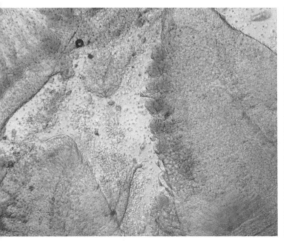

图6-5 感染三代虫的鳃丝显微图

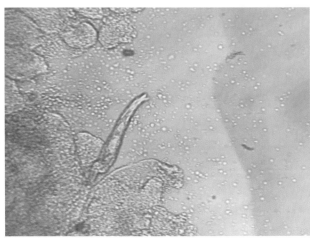

图6-6 三代虫寄生图
示三代虫头部分两叶

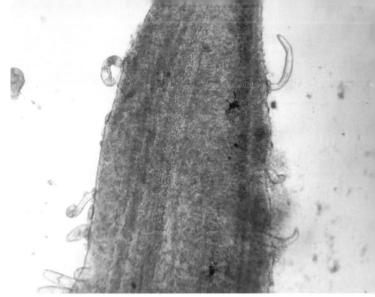

图 6-7　鰓丝显微图片（一）
　　　　　示三代虫寄生的状态

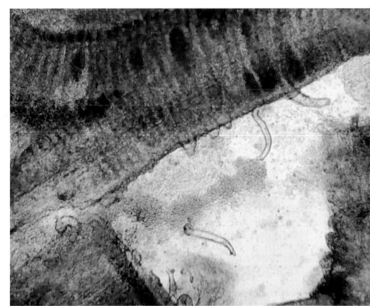

图 6-8　鰓丝显微图片（二）
示大量三代虫寄生后导致鰓丝发炎

图 6-9　三代虫大量寄生后的鰓部状态

【诊断】

镜检病鱼体表黏液或者鳃丝看到大量三代虫即可确诊。

【防治措施】

同指环虫。

三、双身虫病

【病原或病因】

病原为双身虫（图6-10、图6-11），虫体较大，肉眼可见，主要寄生在淡水鱼类的鳃部，属单殖吸虫类寄生虫。

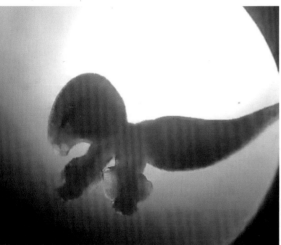 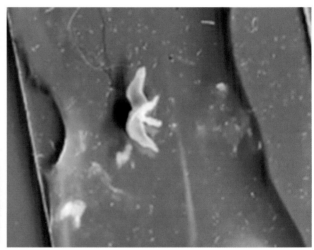

图 6-10　双身虫显微图　　　　　　　　　　　图 6-11　双身虫

【临床症状】

病鱼焦躁不安，体色发黑，鳃丝苍白、鳃组织受损；大量寄生时肉眼可见鳃间有多个白色小点，鳃部黏液增多后鱼类呼吸受到影响，最终因呼吸困难及继发的细菌感染而死亡。

【流行病学】

一般寄生在2龄及以上的草鱼、青鱼的鳃部，也可寄生于鳊等其他大宗养殖鱼类的鳃部。

【诊断】

镜检鳃部的白色小点可确诊。

【防治措施】

同指环虫。

四、车轮虫病

【病原或病因】

本病是由车轮虫大量寄生引起的疾病（图6-12）。常见的有车轮虫、小车轮虫等，虫体侧面呈帽状，正面观碟形，通过身体周边的纤毛运动，运动时如车轮旋转，故名车轮虫（图6-13～图6-15），属纤毛虫类寄生虫。

【临床症状】

少量感染时无明显症状，大量寄生时，病鱼在水中狂游、跳跃、打转。因虫体在鳃丝及体表附着、运动，导致鳃丝、体表黏液异常分泌，肉眼可见鱼体形成一层白色黏液层。

鱼苗感染车轮虫时，可见大量鱼苗沿池边狂游，形似跑马，俗称"跑马病"（图6-16）。

图 6-12　车轮虫病易发生于有机质较多的池塘

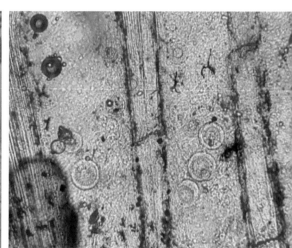

图 6-13　车轮虫大量寄生于病鱼鳍条

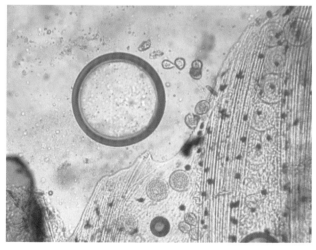

图 6-14　车轮虫通常与其他纤毛虫一起寄生

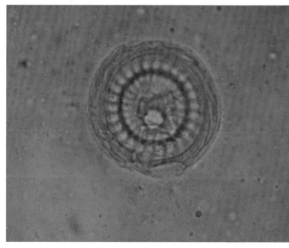

图 6-15　车轮虫正面观圆形，体表有纤毛

图6-16 车轮虫大量寄生引起鱼苗　　　　　图6-17 车轮虫对鱼苗危害较大，
　　　沿池边狂游，跑马　　　　　　　　　　　　可导致鱼苗大量死亡

【流行病学】

可感染几乎所有鱼类，对鱼苗及鱼种危害较大（图6-17），可在短期内引起大量死亡。流行时间为4～7月及9～10月，尤其在水质较浓，有机质含量高的池塘更易发生（图6-12）。

【诊断】

镜检发病鱼体表黏液或者鳃丝，发现大量虫体即可确诊。

【防治措施】

（1）预防

① 每亩用250～300kg的生石灰带水清塘。

② 流行季节，在投饵台用硫酸铜挂袋，对预防车轮虫有效果。

③ 经常使用微生态制剂调节水质，降低水体有机质含量，可预防车轮虫等纤毛虫的发生。

（2）治疗

① 硫酸铜和硫酸亚铁合剂全池泼洒，比例为5∶2，使水体浓度达0.7mg/L。

② 苦参末300g/亩全池泼洒。

（3）注意事项

① 成鱼有少量车轮虫寄生时危害不大，可不处理；鱼苗对车轮虫更为敏感，少量寄生也可引起大量死亡，发现后应第一时间处理。

② 硫酸亚铁对乌鳢毒性较大，乌鳢养殖池塘不可使用。

③ 车轮虫杀灭后的池塘及时调节水质，降低有机质含量，可避免再次发生。

④ 中草药如苦参碱、青蒿等对于车轮虫也有较好的效果。

五、斜管虫病

【病原或病因】

本病由斜管虫寄生引起，虫体近椭圆形（图6-18），属纤毛虫类寄生虫。

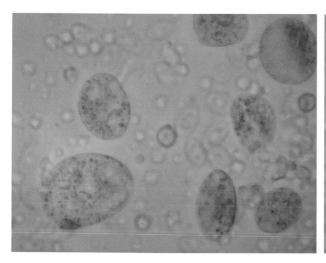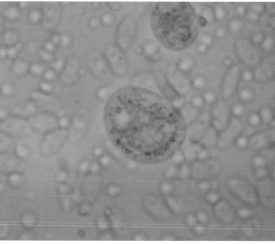

图6-18 斜管虫显微图片

【临床症状】

斜管虫可寄生在鱼的体表及鳃部，刺激鱼体分泌大量黏液（图6-19、图6-20），严重时在体表及鳃部形成厚厚的黏液层，影响鱼的呼吸及运动，被感染的小鱼苗体色发黑，食欲消退，体形消瘦，严重时可引起鱼苗大量死亡（图6-21）。

【流行病学】

可感染多种鱼的鱼苗，对鳜鱼危害较大，是鳜鱼养殖中主要的寄生虫之一，大量感染后导致鱼苗"扎堆"（图6-22），可引起寄主大量死亡。主要感染温度为12～18℃，3～5月最为流行，危害较大。

图6-19 感染斜管虫的鲫鳃部黏液异常分泌

【诊断】

镜检发病鱼体表黏液或者鳃丝，看到大量虫体即可确诊。

【防治措施】

同车轮虫。

注意事项：

①鱼种及成鱼有少量斜管虫寄生时危害不大，可不处理；鱼苗对斜管虫较为敏感，少

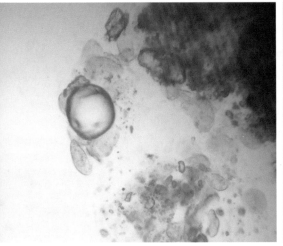

图 6-20 斜管虫也可寄生在黏液中

图 6-21 斜管虫大量寄生后导致
银鲫苗暴发性死亡

图 6-22 斜管虫大量寄生后导致鱼体发黑，鱼苗"扎堆"

量寄生也可引起大量死亡，需第一时间处理。②硫酸铜高温季节毒性变大，加量需慎重；乌鳢对硫酸亚铁较为敏感，乌鳢养殖池塘不可使用。③斜管虫尚无效果确切的治疗药物，民间有用代森铵泼洒治疗斜管虫的做法，但是代森铵为农药，已被禁止使用于水产养殖中。未来几年效果确切、合法合规地治疗斜管虫的药物将会成为刚需。

六、隐鞭虫病

【病原或病因】

本病由隐鞭虫引起，属鞭毛虫类寄生虫。

【临床症状】

隐鞭虫主要寄生在鱼的鳃（图6-23、图6-24）和皮肤，也可寄生于血液中。鳃部大量寄生隐鞭虫的鱼苗活力下降，食欲减退或不摄食，鳃部黏液增多，呼吸困难直至死亡。

隐鞭虫寄生于体内时外表无明显症状，病鱼会有昏睡等情况。

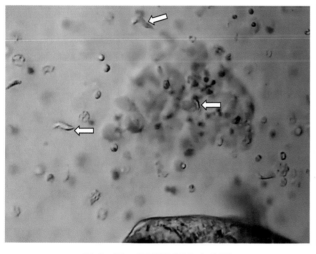

图6-23　鳃部隐鞭虫寄生图

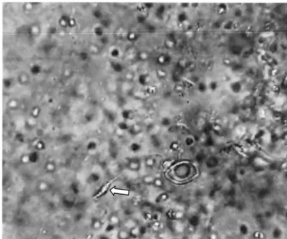

图6-24　鳃隐鞭虫寄生形态图

【流行病学】

隐鞭虫病在我国主要养殖区均有流行。可寄生于青鱼、草鱼、鲢、鳙、鲤、鲫、鳊等多种淡水鱼，主要危害鱼苗和体长10cm以下的鱼种。发病季节为7～9月。

【诊断】

镜检鳃丝看到大量隐鞭虫即可确诊。

【防治措施】

同车轮虫。

注意事项：

①隐鞭虫个体较小，鳃丝镜检时需正确使用显微镜，100倍以上仔细观察才能发现。

②隐鞭虫是常见寄生虫，在草鱼等的养殖中感染率较高，因其个体小易被漏诊，所以应做重点观察。

七、杯体虫病

【病原或病因】
本病由杯体虫寄生在体表及鳃部（图6-25～图6-28）引起，属纤毛虫类寄生虫。

【临床症状】
大量寄生时的病鱼常常成群地在池边缓慢游动，寄生于鳃部时可导致黏液增多，呼吸困难；大量寄生于体表时，体表似有一层絮状物，影响鱼体的正常呼吸和生长发育，最后导致鱼体死亡。对鱼苗、鱼种及成鱼危害均较大。

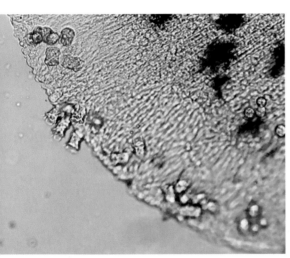

图6-25　鲫鱼鳞片杯体虫形态图

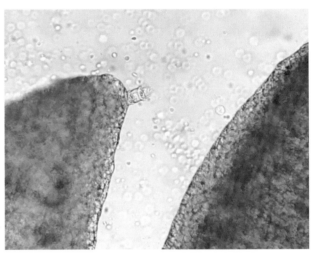

图6-26　鲫鱼鳃部寄生的杯体虫

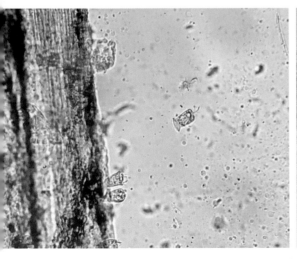

图6-27　斑点叉尾鮰鳃部杯体虫寄生图

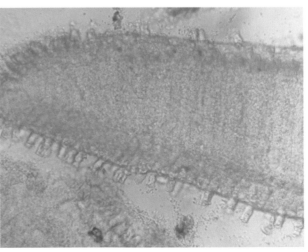

图6-28　杯体虫大量寄生于鳃丝

【流行病学】

杯体虫一年四季均可发生，主要寄生在鱼类的皮肤和鳃丝。冬季无鳞鱼应做重点检查。

【诊断】

镜检鳃丝及体表看到大量杯体虫即可确诊。

【防治措施】

同车轮虫。

八、固着类纤毛虫病

【病原或病因】

病原主要有累枝虫、聚缩虫、单缩虫等（图6-29～图6-32），属纤毛虫类寄生虫。

【临床症状】

大量寄生于鱼体时，引起鱼体焦躁不安，被寄生部位黏液脱落、出血，甚至继发细菌感染，形成溃疡。

寄生在虾蟹体表时，附肢、鳃、眼睛上形成肉眼可见的绒毛状物（图6-33），被寄生动物行动缓慢，上岸，摄食下降，严重时造成甲壳动物脱壳不遂，影响生长。

寄生于乌龟等体表时，可在背甲、腹甲等部位形成絮状物（图6-34）。

【流行病学】

在我国沿海各地区的育苗场和虾蟹养殖场经常发生，可以危害淡水鱼、乌龟以及克氏原螯虾、中华绒毛蟹等甲壳动物的卵、幼苗等。水质优良、有机质含量少的池塘危害不大，若池塘有机质含量较高，水体交换不足，这些寄生虫可能形成暴发性增殖，引起寄主大批死亡。

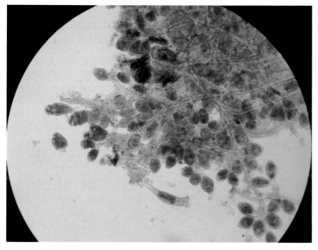

图6-29　乌龟体表的固着类纤毛虫显微图

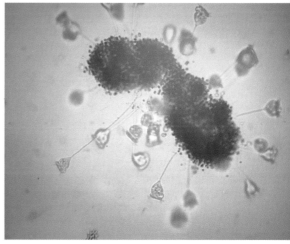

图6-31　与藻类共生的固着类纤毛虫

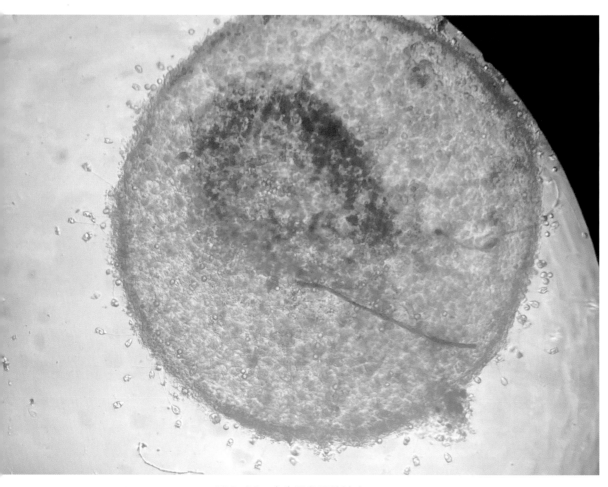

图6-30　寄生于鱼卵的钟虫

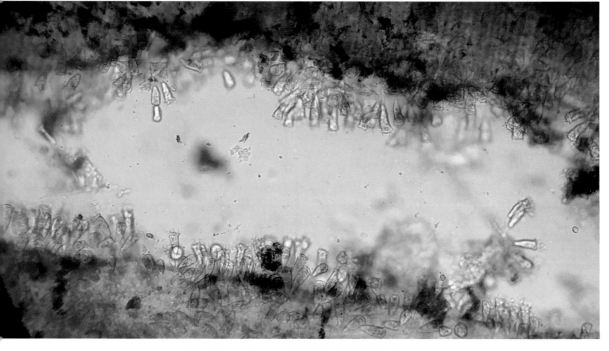

图6-32　鱼体表溃疡部位的固着类纤毛虫

图 6-33　固着类纤毛虫寄生后的小龙虾背面观　　　图 6-34　固着类纤毛虫寄生在乌龟腹甲
　　　　　　　　　　　　　　　　　　　　　　　　　　　　　　　　形成的絮状物

【诊断】

刮取鱼体溃疡部位或甲壳动物体表绒毛状物镜检看到大量虫体即可确诊。

【防治措施】

（1）外用

① 生石灰带水清塘，用量为 250 ～ 300kg/ 亩。

② 养殖季节经常使用芽孢杆菌、乳酸菌等有益菌调节水质，分解水中有机质，可降低此病的发生概率。

③ 鱼类发病后可用硫酸铜全池泼洒使水体浓度达 0.7mg/L，隔天再用一次。

④ 虾蟹养殖池可用硫酸锌溶液全池泼洒，使水体浓度为 0.5mg/L。

⑤ 苦参末兑水后全池泼洒，剂量为 300g/ 亩。

（2）注意事项

① 少量纤毛虫寄生于甲壳类动物时危害不大，可不处理，虾蟹脱壳后可自行脱去。

② 硫酸锌有一水硫酸锌和七水硫酸锌之分，购买时需根据具体产品精确计算使用剂量，避免用量不当影响效果。

九、小瓜虫病

【病原或病因】

病原为多子小瓜虫，生活史分成虫期、幼虫期和胞囊期。虫体有纤毛，可寄生在鱼的体表及鳃部，体内有一马蹄形的亮核（图 6-35 ～图 6-37），属纤毛虫类寄生虫。

【临床症状】

被感染的鱼黏液分泌异常，表皮糜烂、脱落，游动缓慢，反应迟钝。体表、鳍条、鳃

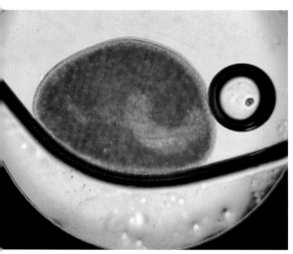

图 6-35　小瓜虫显微图片

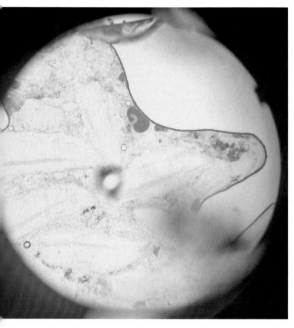

图 6-36　小瓜虫寄生的鳃丝组织增生

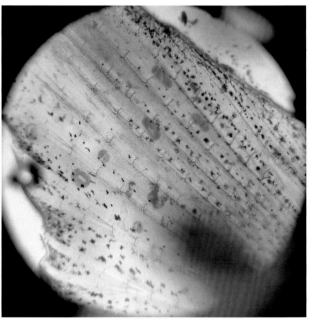

图 6-37　小瓜虫有马蹄形的亮核

部有无数针尖大小的白点（图6-38、图6-39），严重感染时鱼有"擦身"的行为。随着感染的进一步加剧，鱼体分泌大量黏液包裹虫体，体表白点加厚、连片，病鱼体表溃烂直至死亡。

【流行病学】

从鱼苗到成鱼都可感染，全国各地都可发生，危害较大，小水体如水泥池及高密度养殖水体发病更甚，可危害各种鱼类。小瓜虫适宜繁殖水温为15～25℃。当水温降至10℃以下或升至30℃以上时，虫体停止发育，疾病可不治而愈。

图 6-38　患小瓜虫病的鱼尾鳍上有大量针尖样小白点

【诊断】

镜检病鱼体表小白点发现小瓜虫即可确诊。

【防治措施】

① 每亩用 250 ～ 300kg 的生石灰带水清塘。

② 科学投喂，投喂足量适口饵料，提高鱼体抵抗力，可有效预防该病。

③ 养殖过程中调肥水质，通过生物防控的方法控制小瓜虫，效果较好（浮游动物可以摄食小瓜虫的幼虫，从而切断传播途径，降低感染率）。

此病治疗困难，采用以下措施可能有效：

① 小水体升高水温到 30℃ 以上保持 24h，虫体会停止发育，从鱼体脱落。

图 6-39　患病斑点叉尾鮰体表有大量针尖样小白点

② 辣椒生姜合剂全池泼洒，剂量为每立方米水体用辣椒 0.9 ～ 1.2g、生姜 1.6 ～ 2.5g 加水煮沸至少半小时后，于晚上 8:00 ～ 10:00 全池泼洒。

③ 青蒿末每千克体重 0.3 ～ 0.4g 拌饲投喂，每日一次，连用 5 ～ 7 日。

④ 调肥水质，重点培育浮游动物，以摄食小瓜虫的幼虫。

十、锚头蚤病

【病原或病因】

病原为锚头蚤（图6-40），属于甲壳类寄生虫，

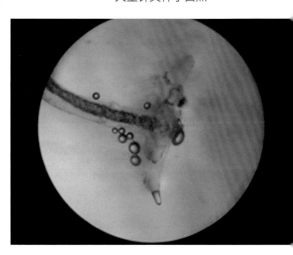

图 6-40　锚头蚤头部显微图片

图6-41　感染锚头蚤的鲫

示口腔中的虫体

图6-42　鳙鱼口腔长满了锚头蚤

危害较大。

【临床症状】

锚头蚤可寄生在鱼的口腔（图6-41、图6-42）、体表（图6-43～图6-45）、鳍条（图6-46）等处，寄生后可长出突出于体表的针状虫体，通常寄生部位会形成红色斑点，为继发细菌感染所致。病鱼食欲减退或不摄食，烦躁不安，在水中狂游。大量寄生时，浑身布满红色小点（图6-47），随着时间的进一步推移，红色小点逐步扩大、加深（图6-46）形成深度溃疡灶。高温季节花白鲢的暴发性出血病大部分是由锚头蚤诱发引起。

图 6-43　寄生于白鲢体表的锚头蚤

图 6-44　寄生于草鱼腹部的锚头蚤

图 6-45　寄生于鲫体表的锚头蚤

图 6-46　锚头蚤可对鱼体造成严重的创伤

【流行病学】

全国均有流行，流行季节为 5 ～ 9 月，冬季也有零星感染，可危害草鱼、鲫鱼、鲢、鳙等多种淡水鱼，幼鱼及成鱼都可感染，危害大。

【诊断】

肉眼观察到鱼体表、口腔、鳍条等处有针状虫体即可确诊。

【防治措施】

（1）预防

① 每亩用 250 ～ 300kg 的生石灰带水清塘，以杀灭寄生虫幼虫和中间宿主。

② 流行季节，在投饵台用渔用敌百虫挂袋，连挂 3 ～ 5 天，对预防锚头蚤效果较佳。

（2）治疗

① 晴天上午用渔用 90% 晶体敌百虫按每立方米水体 0.7 ～ 1g 的剂量兑水后全池泼洒，

图 6-47　锚头蚤寄生后继发细菌感染，病灶部位形成溃疡灶

每天一次，连用2天。

② 使用4.5%的氯氰菊酯溶液按每立方米水体0.02～0.03mL全池泼洒，严重时需用两次。

（3）注意事项

① 锚头蚤可刺破皮肤，在寄生处形成伤口，为细菌的继发感染留下隐患，因此杀灭锚头蚤后需及时泼洒消毒剂，促进伤口恢复。

② 敌百虫拌料内服可用于锚头蚤病的治疗，使用剂量为每40kg的饲料拌敌百虫125～150g，一天一次，连喂三天，选择摄食最好的下午投喂。敌百虫拌服前需充分溶解，将残渣过滤后再拌饲投喂。

③ 目前养殖区流行着一些处理锚头蚤的"特效药"，有些药物在使用后的半年甚至一年内都不会再生锚头蚤。然而流行病学调查发现这些药物在频繁使用数年后，耐药性已经产生，效果已经降低，且部分药物对鱼体毒性较大，可能诱发"大红鳃"病。

十一、中华蚤病

【病原或病因】

病原为大中华蚤等。中华蚤头部有一对尖角，一只眼点，雌虫身后常挂有两个卵囊（图6-48、图6-49），属于甲壳类寄生虫。

【临床症状】

　　鱼类少量感染时无明显症状，严重感染时食欲减退或不摄食，在水体表层打转或狂游，尾鳍上翘，俗称"翘尾巴病"（图6-50）。观察病鱼可见鳃丝苍白，黏液异常分泌，鳃丝

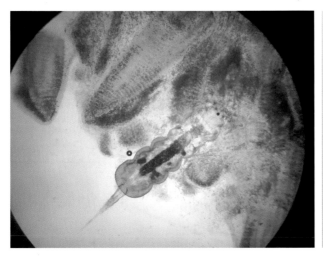

图 6-48　中华蚤显微图片（一）
可见黑色眼点

图 6-50　感染中华蚤的草鱼（一）
示尾鳍上翘

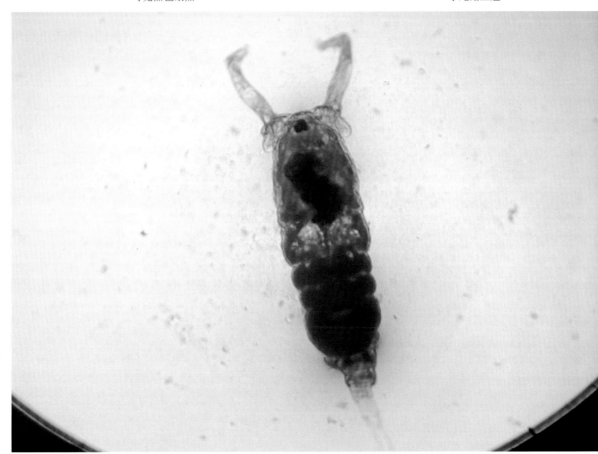

图 6-49　中华蚤显微图片（二）

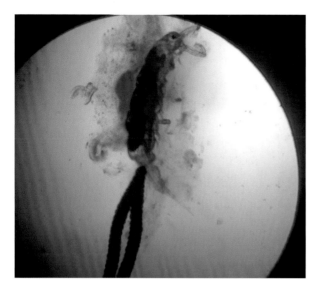

图6-51 中华蚤鳃部寄生图

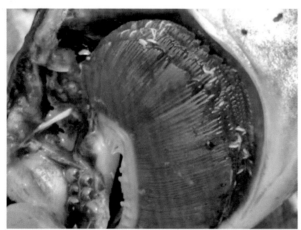

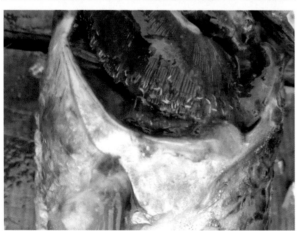

图6-52 感染中华蚤的
草鱼（二）
示鳃丝末端的白色蛆样虫体

末端有白色蛆样虫体（图6-51、图6-52）。春、秋季花白鲢、草鱼等的烂鳃病与中华蚤的寄生高度相关。

【流行病学】

流行季节为5～10月，主要危害草鱼、鲢、鳙等的鱼种及成鱼。秋季少量中华蚤寄生后不易发现，越冬期其在鳃丝造成的伤口持续存在并在开春后继发细菌感染造成花鲢越冬后普遍死亡，该情况应引起重视。

【诊断】

鳃丝末端发现白色蝇蛆状虫体即可确诊。

【防治措施】

（1）预防　方法同锚头蚤。

（2）治疗

① 晴天上午使用90%晶体敌百虫按每立方米水体0.7～1g，兑水后全池泼洒，每天一次，连用2天。

② 晴天上午使用4.5%的氯氰菊酯溶液按0.02～0.03mL/m³全池泼洒，严重时需用两次。

③ 晴天上午使用辛硫磷溶液全池泼洒，50%的辛硫磷溶液使水体中浓度达0.04mL/m³。

（3）注意事项

① 中华蚤可破坏鳃丝，形成伤口，为细菌的继发感染留下隐患，秋季普遍发生的花白鲢及其他常见鱼类的烂鳃与中华蚤的感染高度相关，烂鳃病的防控中需重点关注中华蚤的寄生情况。

② 敌百虫内服可用于中华蚤的辅助治疗，剂量为每40kg饲料拌敌百虫125～150g，一天一次，连喂三天，选择摄食最好的下午投喂。敌百虫拌服前需充分溶解，将残渣过滤后再使用。

十二、鱼虱病

【病原或病因】

本病是由鱼虱寄生于鱼的体表、鳃盖内侧、口腔等部位引起的寄生性鱼病（图6-53、图6-54）。鱼虱扁平，近圆形，由头、胸、腹三部分组成（图6-55、图6-56）。在我国危害较大的种类分别是日本鱼虱、椭圆尾鲺等。

【临床症状】

鱼虱属大型甲壳类寄生虫，其通过口刺刺伤皮肤，撕破表皮形成伤口。被寄生的鱼极度不安，在水中狂游、跳跃或在木桩上擦身。感染后期可见虫体寄生部位继发细菌感染，病灶处出血、糜烂，如不加处理，病鱼很快死亡。

图6-53　鱼虱寄生于鲢的体表

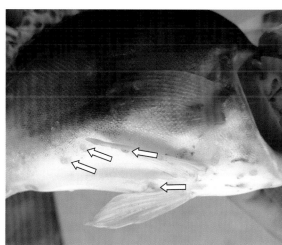

图6-54　鱼虱寄生于鳜的体表

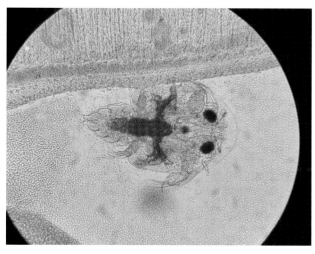

图6-55　鱼虱显微图

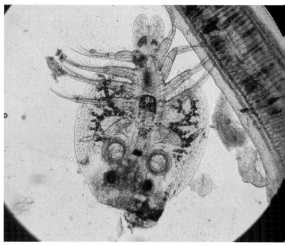

图6-56　鱼虱鳃部寄生显微图

【流行病学】

主要感染各种淡水鱼的鱼苗及鱼种，青鱼、草鱼、鲢、鳙、鲤、鲫等大宗淡水鱼是其易感寄主。少量寄生即可对寄主形成较大伤害。该病流行范围广，全国各水产养殖区域都可发生，主要流行于5～8月。

【诊断】

发现池塘中有鱼狂游时，仔细检查鱼体、检测水质，在体表、鳃盖内侧等处发现虫体即可确诊。

【防治措施】

同锚头蚤。

注意事项：

① 鱼虱个体较大，通过口器刺破皮肤，在鱼体形成伤口，少量寄生就可造成鱼类死亡，发现寄生后应第一时间处理。

② 鱼虱在鳜鱼、加州鲈养殖中属于常见寄生虫，由于鳜鱼、加州鲈对敌百虫敏感，这些池塘发生鱼虱感染后勿使用敌百虫处理。

十三、鱼怪病

【病原或病因】

本病是由日本鱼怪（图6-57）寄生于鱼的腹腔引起的寄生性鱼病。

【临床症状】

鱼怪成虫成对寄生于胸鳍基部的围心腔中，在病鱼胸鳍基部可见1～2个圆形孔洞。被鱼怪寄生的病鱼性腺发育不良，丧失繁殖能力。鱼怪幼虫主要寄生于幼鱼体表及鳃等部位，

图6-57　鱼怪外观

鱼体极度不安，黏液大量分泌，皮肤受损后继发细菌感染。

【流行病学】

鱼怪在全国主要养殖集中区均有流行，呈散在性发生，危害不大。主要寄生于鲫、鲤、雅罗鱼等鱼的体腔中。

【诊断】

发现池塘中有鱼狂游时，仔细检查鱼体，如发现胸鳍基部的孔洞及围心腔中的虫体即可确诊。

【防治措施】

（1）预防

① 每亩用250～300kg的生石灰带水清塘，以杀灭寄生虫幼虫和中间宿主。

② 流行季节，可在投饵台用渔用敌百虫挂袋，连挂三天，对预防鱼怪有一定的效果。

③ 鱼怪幼虫有趋光性，夜间可在池边用灯光引诱，局部杀灭。

（2）治疗 方法同锚头蚤。

十四、剑水蚤病

【病原或病因】

本病是由剑水蚤寄生引起的疾病（图6-58）。

【临床症状】

剑水蚤大量寄生于草鱼等的鳃丝中，引起病鱼焦躁不安或呈浮头状漫游于水面，摄食减少或不摄食。打开鳃盖可见鳃丝末端苍白、溃烂，往往继发细菌感染形成烂鳃，可引起草鱼等大量死亡。剑水蚤过量繁殖后还会快速消耗溶解氧，造成池塘溶解氧下降甚至缺氧，影响鱼的呼吸效率。

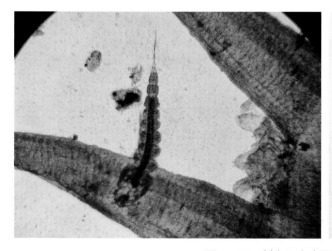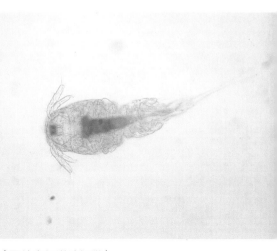

图 6-58　剑水蚤寄生图（图片由何道清提供）

【流行病学】

主要发生在水温18℃以上水质较肥的鱼类养殖池塘，其可直接猎杀鱼苗，也可寄生于草鱼等的鳃部，鱼种及成鱼均可寄生，近年来已经发生过多起由剑水蚤大量寄生引起草鱼发病的案例。

【诊断】

发现鱼类焦躁不安、摄食不佳时仔细检查鱼体，如发现大量剑水蚤寄生即可确诊。

【防治措施】

同锚头蚤。

十五、扁弯口吸虫病

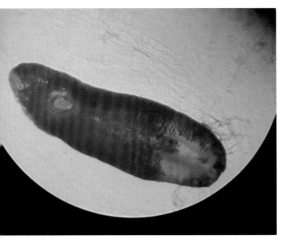

图6-59　扁弯口吸虫显微图片

【病原或病因】

本病是由扁弯口吸虫（图6-59）的囊蚴寄生在鱼的肌肉内引起的疾病，扁弯口吸虫生活史包括卵、毛蚴、胞蚴、雷蚴、尾蚴、囊蚴、成虫等7个阶段，生活史的不同阶段分别以萝卜螺、鱼类、鸥鸟等为寄主。

【临床症状】

扁弯口吸虫的囊蚴寄生于鱼体的头部、肌肉等处（图6-60），形成凸出于体表的橘黄色或白色的孢囊（图6-61、图6-62），挑开孢囊可见橘黄色虫体，会运动，似蝇蛆（图6-63）。严重感染时每尾

图6-60　寄生于麦穗鱼吻部的扁弯口吸虫

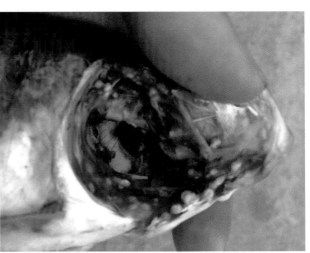

图6-61　患病鱼鳃部有大量橘黄色孢囊

图 6-62　扁弯口吸虫寄生于鱼体浅表肌肉内，　　　图 6-63　扁弯口吸虫从孢囊逸出
　　　　　形成橘黄色孢囊　　　　　　　　　　　　　　　后的运动形态

鱼体有超过100个虫体寄生。

【流行病学】

可危害鲫、鲤、麦穗鱼、草鱼、鲢等鲤科鱼类，自5月到10月都可发生，秋季为高发期，严重感染时可导致鱼苗、鱼种死亡。

【诊断】

根据症状在易感部位挑取虫体镜检即可确诊。

【防治措施】

（1）预防

① 每亩用250～300kg的生石灰带水清塘，以杀灭寄生虫幼虫和中间宿主。

② 流行季节，可在投饵台用渔用敌百虫挂袋，连挂三天，对预防扁弯口吸虫效果较佳。

③ 清除池边杂草，做好池塘防鸟工作，切断传播途径。

（2）治疗

① 晴天上午，使用90%晶体敌百虫按每立方米水体0.7～1g，兑水后全池泼洒，每天一次，连用2天，隔天用优质碘制剂泼洒，促进伤口恢复。

② 晴天上午，使用4.5%的氯氰菊酯溶液按0.02～0.03mL/m³全池泼洒，严重时需用两次，隔天用优质碘制剂泼洒，促进伤口恢复。

（3）注意事项　渔用敌百虫对扁弯口吸虫病的治疗效果确切，但是虫体脱落后会在寄生部位留下孔洞（图6-64），极易继发细菌感染，需及时使用

图 6-64　扁弯口吸虫脱落后
寄生部位出血穿孔

碘制剂泼洒，同时投喂优质饵料，促进伤口恢复。

十六、双穴吸虫病

【病原或病因】

本病是由倪氏双穴吸虫等虫的尾蚴及囊蚴寄生引起的一种危害性较大的疾病，属于复殖吸虫病。双穴吸虫的囊蚴扁平卵圆形，形似草鞋，前端有一个口吸盘（图6-65），鸥鸟及椎实螺是其中间宿主。

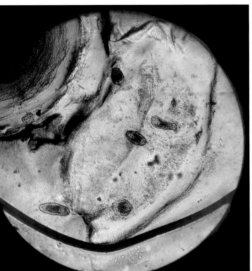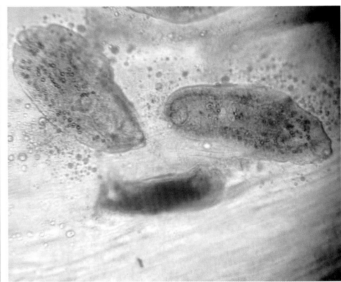

图6-65 草鱼水晶体显微图片
示双穴吸虫寄生时的形态

【临床症状】

分急性感染和慢性感染。急性感染病程急，病鱼在水面狂游或挣扎，鱼体颤抖，头部、眼眶充血或出血（图6-66），短期内可引起大量死亡。慢性感染时，肉眼可见病鱼眼球内有白点，白点即为虫体，随着病情的发展，水晶体脱落（图6-67～图6-69）。

【流行病学】

该病是一种广泛流行的寄生性疾病，尤其在鸥鸟及椎实螺较多的地方发病更甚。可危害如鲢、鳙、团头鲂、草鱼等鱼类，尤其以鱼苗、鱼种感染较为严重，死亡率高。

【诊断】

根据鱼眼发白、水晶体脱落等症状可做出初步诊断，确诊需对鱼的水晶体镜检。

【防治措施】

（1）外用

① 每亩用250～300kg的生石灰带水清塘，以杀灭寄生虫幼虫和中间宿主。

图 6-66　草鱼鱼苗急性感染双穴吸虫的形态
示头部充血

图 6-67　感染双穴吸虫的鳜
示水晶体脱落，瞎眼

图 6-68　感染双穴吸虫的鳊
示水晶体脱落

图 6-69　双穴吸虫引起草鱼鱼苗
示水晶体脱落

② 双穴吸虫流行季节，使用敌百虫在投饵台挂袋，连挂三天，对预防各种寄生虫有一定的效果。

③ 清除池边杂草，套养青鱼控制螺类数量，做好防鸟等工作，可切断传播途径，降低发生率。

（2）治疗

① 晴天上午，用90%晶体敌百虫按每立方米水体0.7～1g，兑水后全池泼洒，每天一次，连用2天。

② 晴天上午，用硫酸铜与硫酸亚铁合剂全池泼洒，比例为5∶2，剂量为每立方米水体0.7～1g，严重时隔天再用一次。

（3）内服　吡喹酮拌饲内服，剂量为50mg/kg体重，每日一次，连用5～7日。

双穴吸虫是草鱼、团头鲂、鲫鱼等养殖过程中的常见寄生虫，由于其寄生部位特殊，鱼体检查时易被忽略，需建立标准化的鱼体检查流程，方能提高寄生虫的发现概率，实现精准防控。

十七、嗜子宫线虫病

【病原或病因】

病原为鲫嗜子宫线虫、鲤嗜子宫线虫等。虫体粗线状，两端色泽鲜红、稍细，中间较粗，淡红色或灰黑色（图6-70、图6-71）。常寄生于金鱼等鱼的尾鳍内（图6-72、图6-73），也可寄生于黄颡鱼等的眼窝中，还可寄生于鲫鱼、乌鳢等的鳞片下（图6-74）。

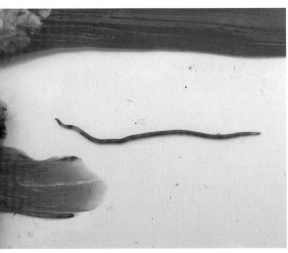

图6-70 嗜子宫线虫形态图

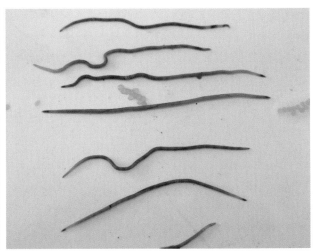

图6-71 嗜子宫线虫的形态

图6-72 嗜子宫线虫寄生于金鱼的尾鳍内

图 6-73 嗜子宫线虫寄生于锦鲤尾鳍内 　　　图 6-74 嗜子宫线虫寄生于鲫鳞片下

【临床症状】

寄生于鳍条时可见金鱼尾鳍内有红色虫体，虫体与鳍条平行，鳍条有充血、发炎、蛀鳍等情况发生；寄生于鳞片下时，可见鳞片凸起、充血，形似"竖鳞"状，与细菌感染引起的竖鳞病症状相似；寄生于眼球时可见眼窝中有红色虫体，导致眼球红肿，严重时眼球脱落，眼眶严重出血。

【流行病学】

嗜子宫线虫病呈散在性发生，在全国水产养殖区均有流行，主要危害2龄以上的鲤、鲫、乌鳢等，大量寄生时造成亲鱼不能繁殖，严重时可致死。6月以后，成虫繁殖后死亡，鱼体不再有虫体寄生。

【诊断】

在金鱼尾鳍或鲫的鳞片下发现红色线状虫体即可确诊。

【防治措施】

（1）**预防**　方法同双穴吸虫。

（2）**治疗**　晴天上午，用渔用90%晶体敌百虫按每立方米水体0.7～1g剂量兑水后全池泼洒，每天一次，连用2天。

（3）**内服**　吡喹酮内服，剂量为50mg/kg体重，每日一次，连用5～7日。

十八、胃瘤线虫病

【病原或病因】

病原为胃瘤线虫（图6-75～图6-77）。

【临床症状】

病鳝食欲减退,体色暗淡失去光泽,肛门红肿。解剖可见病鳝肠道外周及肠系膜上有数量不等的近圆形包囊(图6-78),虫体蜷曲于包囊内,挑开包囊,可见红色细长可运动虫体,虫体一端白色、一端红色,中间部位形似嗜子宫线虫,严重时可造成肠壁穿孔甚至导致病鳝死亡。

【流行病学】

一年四季都可发生,春末夏初为流行高峰,主要危害2龄以上的黄鳝,感染比例较高。

【诊断】

在黄鳝肠壁发现包囊及虫体可确诊。

【防治措施】

(1)**预防** 方法同嗜子宫线虫病。

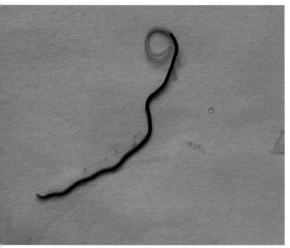

图6-75 胃瘤线虫外观图(一)

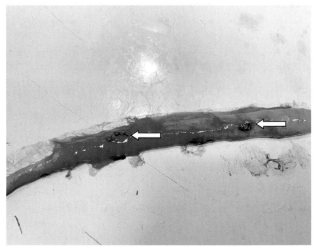

图6-76 胃瘤线虫外观图(二)

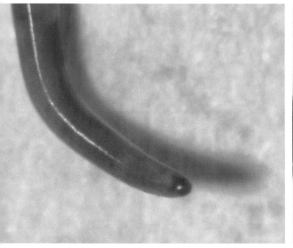

图6-77 胃瘤线虫局部显微图

图6-78 胃瘤线虫在黄鳝肠道外壁寄生处的包囊

（2）**治疗**　晴天上午，用渔用90%晶体敌百虫按每立方米水体0.7g剂量兑水后全池泼洒，每天一次，连用2天。

（3）**内服**

① 阿苯达唑拌饲内服，剂量为40mg/kg体重，每日2次，连用3天。

② 盐酸左旋咪唑拌饲内服，剂量为4～8mg/kg体重，每日1～2次，连用3天。

内服驱虫药物后，还需内服如磺胺等抗生素，以促进寄生部位的伤口恢复。

十九、钩介幼虫病

【病原或病因】

该病是由杜氏珠蚌等的钩介幼虫（图6-79～图6-82）寄生引起的疾病。钩介属于蚌科无齿蚌属。

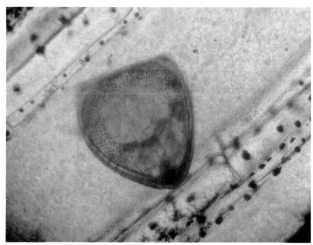

图6-79　钩介幼虫显微图片

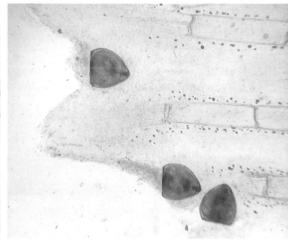

图6-80　钩介幼虫在鳍条的寄生图

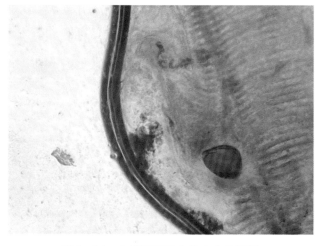

图6-81　白鲢鳃部钩介幼虫寄生图片

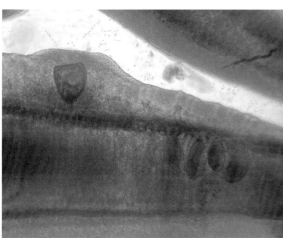

图6-82　鲤鳃部的钩介幼虫显微图片

【临床症状】

钩介幼虫可寄生于鱼的吻部、鳃丝（图6-83）、鳍条（图6-80）及体表等部位。寄生初期肉眼可见病鱼鳃丝有白色小点（图6-84）。大量寄生时，鱼体组织增生，色素消退，形成乳白色或黄色胞囊。幼鱼因钩介幼虫寄生可致吻部发白（图6-85），头部充血发红，俗称"红头白嘴病"。

【流行病学】

钩介幼虫可感染多种淡水鱼，尤其草鱼、青鱼、鲤鱼、鲢、鳙等易感，为苗期危害较大的病害之一。流行时间在春末夏初，短期内可引起鱼苗大量死亡。

【诊断】

对病鱼病灶部位进行显微镜镜检，发现数个钩介幼虫即可确诊。

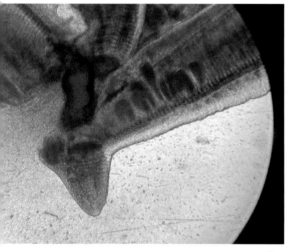

图6-83　钩介幼虫大量寄生后导致鳃丝
　　　　　严重受损

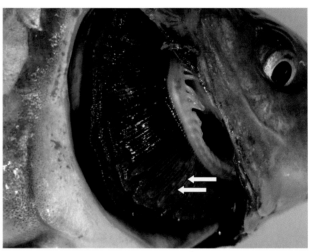

图6-84　钩介幼虫寄生在鲤鱼鳃丝时形成的白点

图6-85　寄生钩介幼虫的鳜
　　　　示吻部发白

图6-86　鱼蚌混养池塘更易发生钩介幼虫病

【防治措施】

（1）外用

① 每亩用250～300kg的生石灰或者40～50kg的茶籽饼带水清塘，以杀灭池底的河蚌。

② 鱼苗、鱼种培育池内不混养蚌类（图6-86）。

③ 发病初期，将病鱼转到没有蚌类的鱼池饲养，病情可好转。

（2）治疗

① 晴天上午，使用渔用90%晶体敌百虫按每立方米水体0.7～1g剂量兑水后全池泼洒，每天一次，连用2天。

② 晴天上午，使用4.5%的氯氰菊酯溶液按每立方米水体0.02～0.03mL全池泼洒，隔天再用两次。

二十、鱼蛭病

【病原或病因】

本病是由中华颈蛭、尺蠖鱼蛭、中华湖蛭等（图6-87、图6-88）的幼虫引起的寄生性鱼病。

【临床症状】

鱼蛭寄生在各种淡水鱼的体表、鳃、鳍条、口腔等处（图6-89），被寄生的病鱼烦躁不安，在水面狂游，严重寄生时因失血过多导致生长不良及贫血。

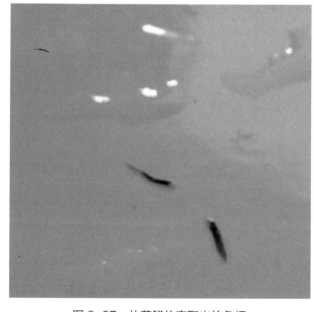

图 6-87　从黄鳝体表取出的鱼蛭

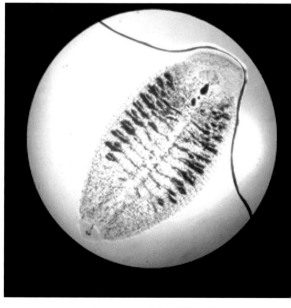

图 6-88　鱼蛭显微图片

【流行病学】

可危害黄鳝（图6-89）、鲫鱼、鲤鱼等，夏、秋季感染较多。

【诊断】

根据症状在易感部位发现虫体即可确诊（图6-90～图6-92）。

【防治措施】

（1）外用

① 每亩用250～300kg的生石灰或者40～50kg的茶籽饼带水清塘，可杀灭寄生虫幼

图6-89　黄鳝体表的鱼蛭

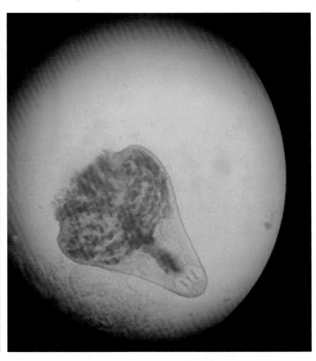

图6-90　鱼蛭运动时的形态

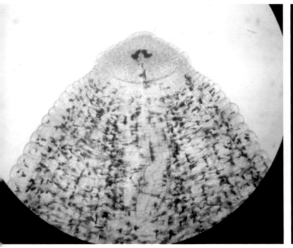

图6-91　水蛭头部显微图

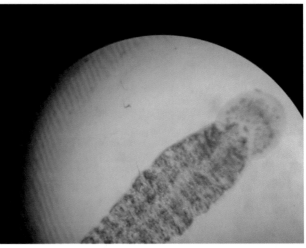

图6-92　水蛭的吸盘

虫和中间宿主。

②经常使用食盐泼洒，可预防该病的发生。

（2）治疗

①晴天上午使用渔用90%晶体敌百虫按每立方米水体0.7～1g剂量兑水后全池泼洒，每天一次，连用2天。

②蛭类对食盐敏感，用1.0%浓度的食盐水浸浴病鱼5～10min，可促使其脱落。

二十一、肠袋虫病

【病原或病因】

病原主要为鲩肠袋虫和多泡肠袋虫（图6-93～图6-96）。当鱼体健康时，肠袋虫没有危

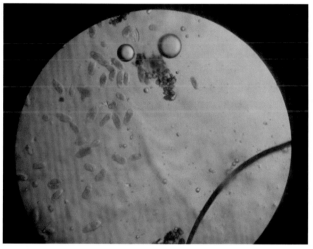

图6-93 寄生于草鱼肠道的肠袋虫

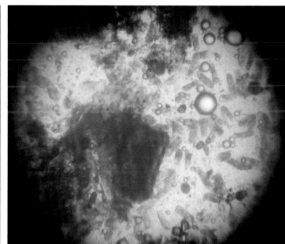

图6-94 草鱼粪便中的肠袋虫

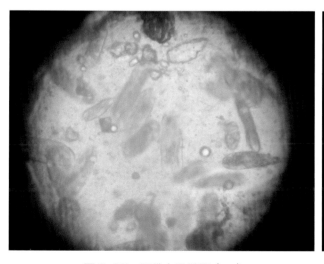

图6-95 肠袋虫显微图（一）

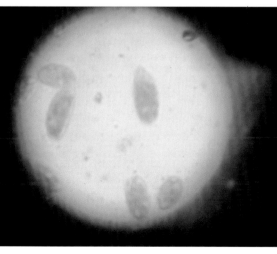

图6-96 肠袋虫显微图（二）

害，甚至通过不停的运动可以促进食物消化，一旦草鱼等患肠炎后，肠袋虫会加重肠炎的发生程度，增加治疗难度。

【临床症状】

被感染的小草鱼体表发黑，体形消瘦，解剖可见肠道充血，其他无明显症状。

【流行病学】

草鱼幼鱼及成鱼都可感染，一般寄生于草鱼的后肠，全国各地都有发现，一年四季均可流行，但以夏秋季最为普遍。

【诊断】

镜检草鱼后肠粪便，看到卵圆形后端窄的活跃运动虫体即可确诊。

【防治措施】

（1）治疗方法

外用：用90%晶体敌百虫按每立方米水体0.7～1g剂量兑水全池泼洒，每天一次，连用2天。

内服：

① 敌百虫内服，剂量为每包40kg的饲料拌服125～150g，每日一次，连用3～5日。

② 吡喹酮内服，剂量为50mg/kg体重，每日一次，连用5～7日。

（2）注意事项　在鱼体健康时，肠袋虫对鱼并无影响，可不作处理。一旦发生肠炎后，肠袋虫可加剧肠炎的发生，加大肠炎的治疗难度，在治疗肠炎前应先对肠袋虫进行处理。

二十二、九江头槽绦虫病

【病原或病因】

病原为九江头槽绦虫。虫体扁平，带状，由许多节片组成（图6-97），每个节片内有雌雄生殖器官，雌雄同体。生活史有5个阶段，分别为卵、钩球蚴、原尾蚴、裂头蚴、成虫，中间寄主为剑水蚤等。

【临床症状】

被感染的草鱼摄食减少，体色发黑，体形消瘦，口常张开，俗称"干口病"。大量寄生时，外观可见病鱼腹部膨大，触摸有紧实感，解剖后可见前肠膨大，剪开肠道，内有大量白色细长虫体（图6-98～图6-102）。

【流行病学】

鱼苗阶段即可被感染，短期内可大量寄生，尤其对越冬的草鱼鱼种危害最大，死亡率可达90%（见图6-103）。九江头槽绦虫寄生于草鱼、团头鲂、青鱼、鲢（图6-98）、鳙肠内，以草鱼及团头鲂受害最为严重，全国各地都有发生。

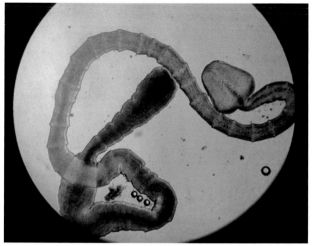

图 6-97　九江头槽绦虫显微图片

图 6-98　白鲢肠道中的九江头槽绦虫

图 6-99　九江头槽绦虫在肠道中可大量寄生

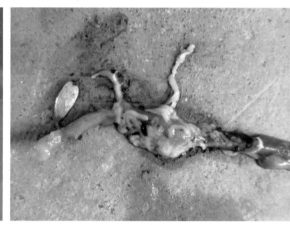

图 6-100　九江头槽绦虫主要
寄生于草鱼前肠

图 6-101　九江头槽绦虫大量寄生时可钻出肠道

图 6-102　肠道内的虫体

图 6-103　九江头槽绦虫大量寄生时可导致草鱼鱼苗大量死亡

【诊断】

结合流行病学特点、症状，剪开肠道看到虫体即可确诊。

【防治措施】

（1）**预防**　外用：①每亩用250～300kg的生石灰带水清塘，可杀灭寄生虫幼虫和中间宿主。②科学管理底质，保持底质优良，可降低寄生虫发生的概率。③易发季节，在投饵台使用敌百虫挂袋，连挂三天，可有效降低发生率。④做好池塘驱鸟工作，鸥鸟是绦虫的重要中间寄主及传播途径。

（2）**治疗**

外用：

① 晴天上午，使用渔用90%晶体敌百虫按每立方米水体0.7～1g剂量兑水后全池泼洒，每天一次，连用2天。

② 晴天上午，使用4.5%的氯氰菊酯溶液按每立方米水体0.02～0.03mL全池泼洒，严重时需用两次。

内服：

① 阿苯达唑拌饲内服，剂量为40mg/kg体重，每日一次，连喂5日。

② 吡喹酮拌饲内服，剂量为50mg/kg体重，每日一次，连用5日。

③ 盐酸左旋咪唑拌饲内服，剂量为4～8mg/kg体重，每日1～2次，连用3日。

（3）注意事项

① 除了使用内服药物对绦虫进行驱除外，还需在内服3天后全池外用广谱杀虫剂对脱落的绦虫进行杀灭，否则脱落的虫体可能会被鱼类摄食，造成二次感染。

② 由于绦虫主要寄生于前肠，大量寄生时内服药物应以驱虫类为主，否则死亡的虫体难以排出肠道，在体内腐败后引起鱼体死亡。

③ 发生九江头槽绦虫感染后，要保证充足的投饵量，否则饥饿的鱼在寻找食物时会将排出的虫体或虫卵摄入，造成二次感染。

二十三、舌型绦虫病

【病原或病因】

病原为舌型绦虫等虫的裂头蚴。虫体肥厚，呈白色长带状（图6-104～图6-107），最长

图 6-104　感染舌型绦虫的银鲫
示虫体从肠道钻出，内脏萎缩

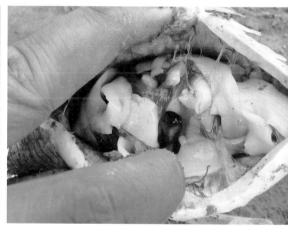

图 6-105　感染舌型绦虫的黄金鲫
示虫体从肠道钻出，腹腔充满白色带状虫体

图 6-106　患舌型绦虫病鲫的内脏团

图 6-107　患舌型绦虫病的银鲫体色发黑，
内脏萎缩

可达 1m，每条鱼可感染 1 到数 10 条不等的虫体。

【临床症状】

病鱼体色发暗，色泽变淡，腹部膨大，一般情况下无濒死鱼。解剖可见病鱼腹腔中充满大量白色带状虫体，内脏受压挤后变形萎缩（图 6-106、图 6-107），病鱼正常生理机能受抑制或遭破坏，引起鱼体发育受阻，体形消瘦，无法生殖。有的裂头蚴可以从鱼腹部钻出，直接造成病鱼死亡。

【流行病学】

主要感染异育银鲫、黄金鲫等鲤科鱼类（图 6-108、图 6-109），幼鱼到成鱼都可感染，生产中发现过体长 7cm 的异育银鲫寄生 7 条舌型绦虫的病例。一年四季都可感染，摄食高峰期亦是感染高峰期，虫体可在鱼体越冬，长期寄生导致鱼体虚弱，在冬季水位过浅、大幅降温时出现批量死亡。

图 6-108　舌型绦虫病可形成暴发性
感染，导致养殖鲫大量死亡

图 6-109　感染舌型绦虫的黄金鲫
示虫体钻出肠道，与内脏相互缠绕

【诊断】

打开腹腔看到白色带状虫体即可确诊。

【防治措施】

同九江头槽绦虫。

二十四、鲤蠢绦虫病

【病原或病因】

该病是由短颈鲤蠢等寄生后引起的疾病。此病原属于鲤蠢科鲤蠢属。虫体乳白色，带状不分节，头部宽，具褶皱。颤蚓是其中间寄主（图 6-110 ～图 6-112）。

【临床症状】

少量寄生时无明显症状，偶尔可见粪便增多（图6-113），严重感染时病鱼体色发暗，变淡，虫体大量聚集在肠道导致肠道堵塞、发炎，病鱼在越冬期逐渐死亡。

【流行病学】

主要感染建鲤、镜鲤、框鲤等，自幼鱼到成鱼都可感染。轻度感染时无明显症状，大量寄生时可导致肠道堵塞，并引起发炎和贫血。池塘下风处可见漂浮的粪便（见图6-113）。在我国鲤鱼养殖区均有发现，大量寄生的病例不多。主要流行于4～8月。

【诊断】

打开鲤鱼前肠观察到白色虫体即可确诊。

【防治措施】

同九江头槽绦虫。

图6-110 寄生于鲤鱼肠道的鲤蠢绦虫（一）

图6-111 寄生于鲤鱼肠道的鲤蠢绦虫（二）

图6-112 鲤蠢绦虫寄生时的形态

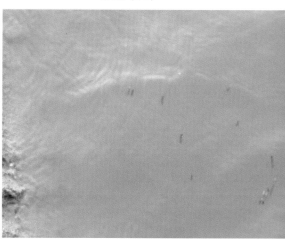

图6-113 大量寄生后可导致消化不良，粪便漂浮

二十五、罗非鱼头槽绦虫病

【病原或病因】

该病是由头槽绦虫寄生于罗非鱼肠道引起的疾病。

【临床症状】

被感染的鱼离群独游、体色暗淡无光泽、身体消瘦，肛门红肿外突，解剖可见腹腔积水、肠道粗大，内有数量不等的白色虫体（图6-114、图6-115）。

【流行病学】

该病主要发生在育苗期或标苗期，成鱼发病概率较小。头槽绦虫寄生在鱼的肠道造成肠道堵塞，摄食下降，影响鱼的正常生理机能，最终导致鱼发病死亡。

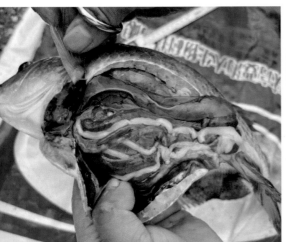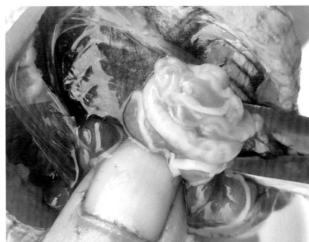

图6-114　寄生于罗非鱼消化道及腹腔的头槽绦虫

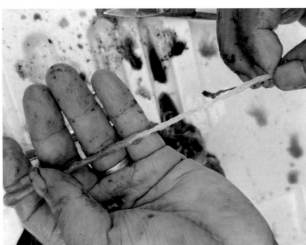

图6-115　寄生于罗非鱼肠道的头槽绦虫

【诊断】

打开罗非鱼腹腔及肠道，看到头槽绦虫即可确诊。

【防治措施】

同九江头槽绦虫。

二十六、喉孢子虫病（洪湖碘泡虫病）

【病原或病因】

本病由洪湖碘泡虫寄生在鲫咽喉部位引起，可导致被感染鱼的大量死亡（图6-116）。

【临床症状】

发病池塘濒死鱼数量较多，活力丧失，大量聚集在进排水口及池塘下风等处。病鱼体色发黑，眼球突出（图6-117），鳃盖张开（图6-118，死鱼的鳃盖也张开），咽部红肿

图6-116 洪湖碘泡虫可引起鲫大量死亡

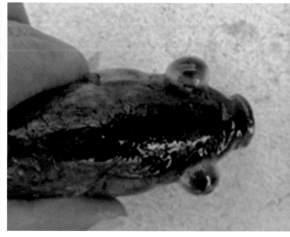

图6-117 患病鱼体色发黑，眼球突出

图6-118 感染洪湖碘泡虫的银鲫外观
示眼球突出，鳃盖张开

图6-119 患病鱼咽喉肿胀，有白色或
红色孢囊

（图6-119、图6-120），解剖红肿部位可见里面充满白色豆腐样虫体（图6-121）。感染后期孢囊增大导致病鱼食道堵塞，无法摄食，鱼体逐渐消瘦，直至死亡（图6-122、图6-123）。

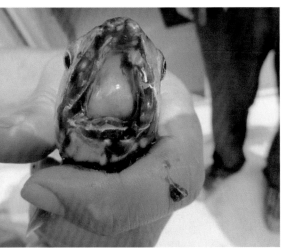

图6-120　洪湖碘泡虫感染初期咽喉发炎红肿

图6-121　孢囊内充满白色豆腐样虫体

图6-122　洪湖碘泡虫感染可引起银鲫大量死亡

【流行病学】

主要危害异育银鲫，水花、鱼苗、鱼种及成鱼均可感染。4～10月为流行季节，夏初秋末为流行高峰期，水温超过30℃时发病有所减少。发病后处理不当可引起异育银鲫的大量死亡，部分池塘死亡率高达90%以上。

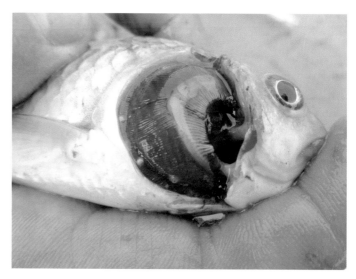

图6-123　虫体释放后的病灶部位

【诊断】

根据流行病学、症状可做出初步诊断；镜检咽部白色豆腐样孢囊发现洪湖碘泡虫即可确诊（见图6-124）。

【防治措施】

（1）预防

① 发病池塘养殖结束后充分晒塘，每亩用250～300kg的生石灰、0.75kg的敌百虫带水清塘，杀灭寄生虫幼虫和中间宿主。

② 异育银鲫养殖池塘套养适量黄颡鱼或者扣蟹，通过摄食中间寄主水丝蚓从而降低该病的发生率（图6-125）。

③ 孢子虫易感季节定期用百部贯众散拌饲投喂，可预防孢子虫病。

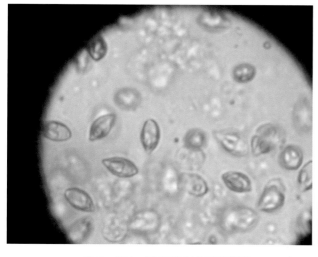

图6-124　洪湖碘泡虫显微图片

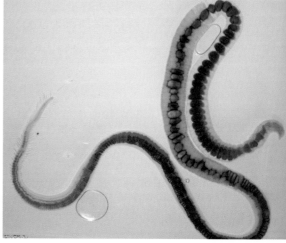

图6-125　水丝蚓是孢子虫重要的中间寄主
（图片由湖南农业大学刘新华提供）

（2）治疗

外用：

① 晴天上午，使用渔用90%晶体敌百虫按每立方米水体1.0～1.2g剂量兑水后全池泼洒，每天一次，连用2次，中间间隔一天。

② 晴天上午，使用含量为45%的环烷酸铜溶液100mL/亩全池泼洒，每日一次，连用2次，中间间隔一天。

内服：

① 百部贯众散按2.5kg/t饲料的剂量拌饲投喂，每日一次，连喂5～7日。

② 含量为0.5%的地克珠利预混剂按25kg/t饲料的剂量混饲投喂，每日两次，连喂5～7日。

③ 含量为50%的盐酸氯苯胍按1200g/t饲料的剂量拌饲投喂，每日一次，连喂5～7日。

④ 含量为50%的盐酸左旋咪唑拌饲投喂，剂量为4～8mg/kg体重，每日1～2次，连喂5～7日。

以上药物视养殖模式可以搭配使用。

（3）注意事项

① 敌百虫为有机磷杀虫剂，具胃毒及触杀功能，泼洒后可造成鱼类短期内摄食不佳甚至拒食，若用于疾病治疗时需配合药物内服，应避免使用敌百虫。

② 盐酸氯苯胍毒性较大，按推荐剂量拌料会导致草鱼死亡，因此草鲫混养时慎用。

③ 盐酸氯苯胍使用时必须拌匀，否则会引起鲫鱼死亡。添加剂量需足量，剂量不足会影响治疗效果。

④ 盐酸氯苯胍易形成耐药性，不适合作为预防药物。

⑤ 盐酸氯苯胍的有效剂量范围较小，治疗过程中需严格按照推荐剂量添加。

⑥ 异育银鲫精养池塘可将盐酸氯苯胍、盐酸左旋咪唑、百部贯众散、地克珠利、磺胺嘧啶5种药按推荐剂量拌饲投喂，对洪湖碘泡虫病疗效较好；草鲫混养池塘，盐酸氯苯胍不可使用。

二十七、肤孢子虫病

【病原或病因】

病原为武汉单极虫。

【临床症状】

武汉单极虫主要寄生在鱼的体表（包括躯干、鳍、头等处），严重感染时可见病鱼鳞片凸起，内有白色孢囊（图6-126～图6-131），挤压孢囊有白色脓状液体流出。被感染病鱼游动缓慢、摄食不畅，生长发育不良，同一批鱼苗规格不整齐。

【流行病学】

鲤、鲫、鲮是易感品种，水花至苗种阶段最易感染，短期内可大量寄生并引起发病。主要流行于长江中下游养殖区，全国均有发生。

图6-126　感染武汉单极虫的白鲢
　　　　　示头部的白色孢囊

图6-127　感染武汉单极虫的鲫，鳞片凸起

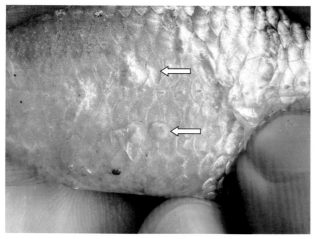

图6-128　挑起鳞片可见鳞下的白色孢囊

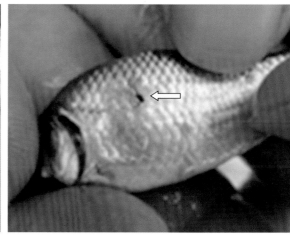

图6-129　药物处理后，孢囊萎缩
　　　　　形成黑色硬块

图 6-130　武汉单极虫感染后期可在鱼体形成孢囊

 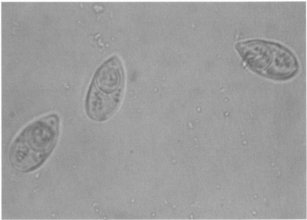

图 6-131　武汉单极虫感染初期　　　　　图 6-132　武汉单极虫显微图片
　　　　　体表形态图　　　　　　　　　　　　　（由刘新华提供）

【诊断】

镜检病鱼体表孢囊即可确诊（图6-132）。

【防治措施】

同洪湖碘泡虫。

注意事项：

① 武汉单极虫病的治疗相对于洪湖碘泡虫较为简单，通常情况下通过外用杀虫剂即可治愈。

② 武汉单极虫一般不会导致寄主死亡，但会造成生长不均，个体差异大，卖相不好，影响销售。

③ 武汉单极虫感染初期，孢囊尚不突出，此时可将鱼背部朝上，从背部往腹部观察，发现鳞片上有白色的亮点时，取亮点部位的鳞片进行镜检（图6-131）。

二十八、鳃孢子虫病

【病原或病因】

病原为瓶囊碘泡虫、汪氏单极虫等。

【临床症状】

少量感染时鱼类外观无明显异常，摄食正常。大量感染时病鱼鳃丝暗红或苍白，其上有数量不等的孢囊寄生（图6-133～图6-135），孢囊白色或红色，周围出血，影响呼吸，病鱼摄食下降。

【流行病学】

主要危害鲫等的鱼苗及鱼种，4～10月为流行季节，夏初为流行高峰。

【诊断】

根据流行病学、症状可做初步诊断；镜检鳃丝上的白色孢囊发现虫体即可确诊（图6-136～图6-138）。

图 6-133　瓶囊碘泡虫在鲫鳃部形成的白色孢囊

图 6-134　银鲫水花鳃部的汪氏单极虫形成的孢囊

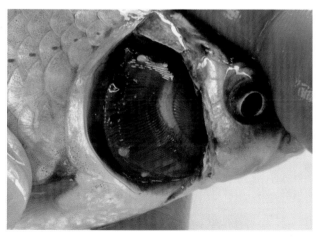

图 6-135　瓶囊碘泡虫形成的孢囊

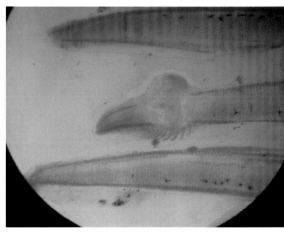

图 6-136　孢囊在显微镜下的形态

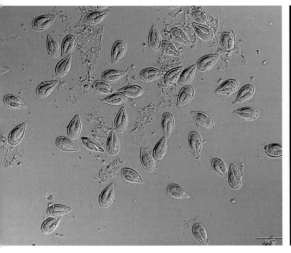
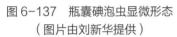
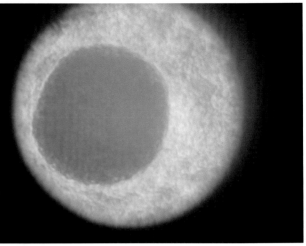

图 6-137　瓶囊碘泡虫显微形态　　　　　图 6-138　鳃部孢囊显微图片
（图片由刘新华提供）

【防治措施】

同洪湖碘泡虫。

注意事项：

① 鳃孢子虫病一般不会引起鱼类死亡，少量寄生时可不作处理，会自行脱落。

② 优质碘制剂可增加药物的渗透性，增强主药效果，可用作孢子虫外用药物的增效剂。

③ 鳃孢子虫病与喉孢子虫病病原不同，感染了鳃孢子虫的鱼不一定会感染喉孢子虫。

④ 镜检鳃丝发现如图6-138的孢囊形态时，需用力将孢囊压破才能观察到里面的孢子虫。

二十九、腹孢子虫病（吴李碘泡虫病）

【病原或病因】

病原为吴李碘泡虫。

【临床症状】

吴李碘泡虫寄生在异育银鲫的肝胰脏等部位（图6-139）。被感染鱼游动缓慢，体色发黑（图6-140），颜色变淡，腹部膨大，解剖后可见腹腔有白色豆腐样的孢囊（图6-141、图6-142）。

【流行病学】

主要感染鲫鱼的鱼种及成鱼，短期内可大量寄生。自5月到12月都可流行，秋后为甚，冬季死亡率较高。

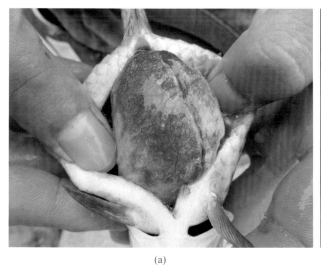

(a) (b)

图 6-139　吴李碘泡虫在鲫（a）、黄金鲫（b）腹腔内形成的孢囊

图 6-140　感染吴李碘泡虫的鲫体色发黑，腹部膨大

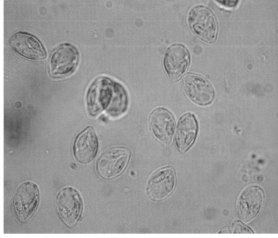

图 6-141　吴李碘泡虫显微图

【诊断】

根据流行病学、症状可初步做出诊断，取孢囊压片镜检发现大量吴李碘泡虫即可确诊。

【防治措施】

同洪湖碘泡虫。

注意事项：吴李碘泡虫传染性强，治疗难度大，一旦暴发后，可在短期内引起鱼类大量死亡。若发现不及时，被感染的鱼在冬季也会逐渐死亡。因此加强鱼体的检查，形成标准化的检查流程，做好预防工作尤为重要。

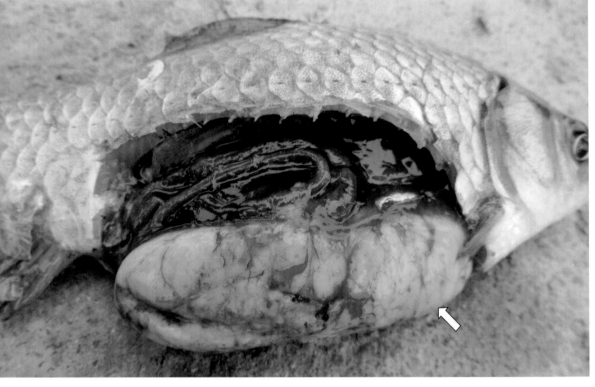

图 6-142　吴李碘泡虫形成的孢囊，肝脏被压迫后萎缩

三十、微山尾孢虫病

【病原或病因】

本病是由微山尾孢虫寄生在鳜鱼（图6-143、图6-144）、乌鳢、沙塘鳢（图6-145）等的鳃部引起的寄生性疾病。

【临床症状】

感染初期无明显症状，大量寄生后，可引起病鱼呼吸急促，摄食下降。虫体在鳃部寄生后形成肉眼可见、大小不等的白色孢囊（图6-144）。

【流行病学】

主要危害鳜鱼、乌鳢、沙塘鳢的鱼种及成鱼，流行于4～7月。

【诊断】

根据流行病学、症状可进行初步诊断；镜检鳃部孢囊即可确诊（图6-146）。

【防治措施】

（1）预防　方法同洪湖碘泡虫。

图 6-143　感染微山尾孢虫的鳜（一）

示鳃部的孢囊

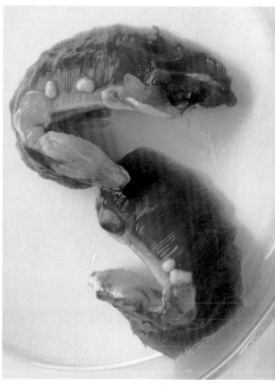

图 6-144　感染微山尾孢虫的鳜（二）

示鳃部的孢囊

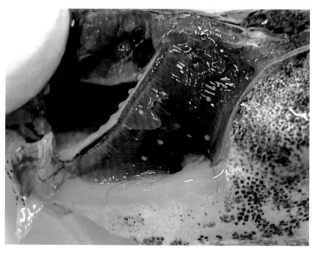

图 6-145　微山尾孢虫在沙塘鳢鳃部形成的孢囊

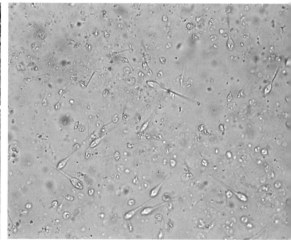

图 6-146　微山尾孢虫的显微图片

（2）治疗方法

外用：晴天上午，使用含量为45%的环烷酸铜100mL/亩全池泼洒，每日一次，连用2次，中间间隔一天。

（3）注意事项

① 鳜鱼对敌百虫敏感，鳜鱼养殖池塘不可使用敌百虫。② 乌鳢对硫酸亚铁敏感，乌鳢

养殖池塘不可使用硫酸亚铁。③ 当前鳜鱼以摄食活饵为主，药物投喂存在困难，病害防控以外用为主。

三十一、普洛宁碘泡虫病

【病原或病因】

本病是由普洛宁碘泡虫寄生在鲫鱼腹腔引起的疾病。

【临床症状】

被感染的病鱼无明显症状，偶见体色发黑、鳍条发黑的情况。打开鱼的腹腔，可见内脏团中有一个白色、椭圆形的孢囊（图6-147～图6-149）。

图6-147　感染普洛宁孢子虫的鲫
示腹腔的孢囊

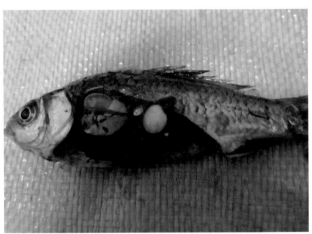

图6-148　普洛宁碘泡虫在鲫的腹腔寄生

图6-149　普洛宁碘泡虫形成的孢囊

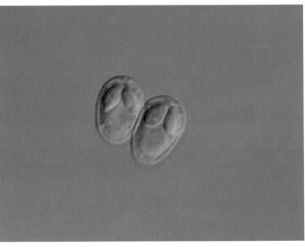

图6-150　普洛宁碘泡虫显微图
（图片由刘新华提供）

【流行病学】

主要感染鲫鱼鱼苗、鱼种，全年都有流行，呈散在性发生。

【诊断】

根据流行病学、症状可初步做出诊断；镜检腹腔内白色孢囊看到虫体后可确诊（图6-150）。

【防治措施】

同洪湖碘泡虫。

三十二、晶状缝碘泡虫病

【病原或病因】

本病是由晶状缝碘泡虫寄生在鲫鱼肌肉引起的疾病。

【临床症状】

感染初期无明显症状，感染后期可引起病鱼背鳍前部疖疮样隆起（图6-151～图6-153），病灶部位鳞片脱落，轻触创面有白色脓状液体流出，创面常会继发细菌感染，导致病鱼死亡。

图 6-151　晶状缝碘泡虫感染的鲫
示背部隆起

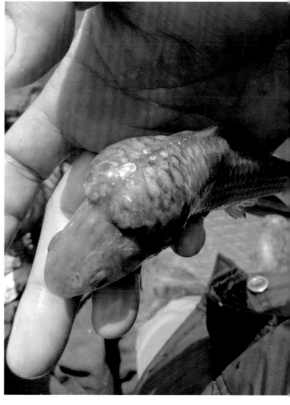

图 6-152　晶状缝碘泡虫感染的鲫背面观

图 6-153　晶状缝碘泡虫感染
的鲫侧面观

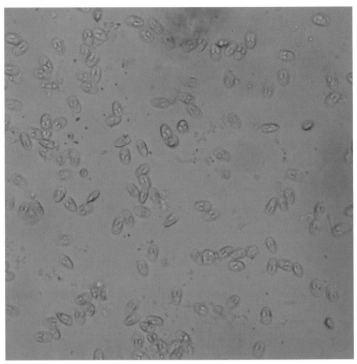

图 6-154　晶状缝碘泡虫显微图片

【流行病学】

主要感染鲫鱼鱼种，呈散在性发生，危害不大，流行季节主要在夏末秋初。

【诊断】

根据流行病学、症状可进行初步诊断；镜检病灶部位发现虫体即可确诊（图6-154）。

【防治措施】

同洪湖碘泡虫。

注意事项：治疗方法与其他孢子虫相似，但杀虫后还需注意创面的杀菌处理，防止继发细菌感染。

三十三、吉陶单极虫病

【病原或病因】

病原为吉陶单极虫。

【临床症状】

吉陶单极虫寄生在鱼的体表（主要在鳞片下面）和肠道（图6-155～图6-157），感染初期在鳞片后端形成白色小孢囊（图6-158），严重感染时鳞片凸起，后增厚呈增生状（图

6-156），挤压增生部位有白色脓状液体流出。被感染鱼游动缓慢、生长发育不良，严重时继发细菌感染，病鱼死亡。

寄生于肠道时，病鱼腹部稍膨大，打开腹腔可见肠道形态不规则，有多个圆球状孢囊，剪开肠道，内有白色或红色液体流出（图6-159）。

【流行病学】

主要感染鲤鱼、青鱼等的苗种及成鱼，短期内可大量寄生。全国鲤鱼、青鱼主产区均有流行。

图 6-155　感染吉陶单极虫的鲤鱼（一）
示体表孢囊

图 6-156　感染吉陶单极虫的鲤鱼（二）
示体表孢囊

图 6-157　吉陶单极虫在肠道形成
的球形孢囊

图 6-158　吉陶单极虫在鱼体形成小白点

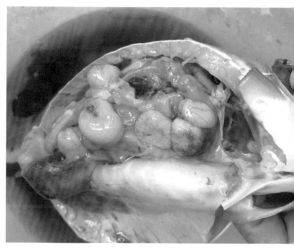

图 6-159　吉陶单极虫在肠道形成的
球形孢囊（图片由罗旭提供）

【诊断】

镜检孢囊可确诊（图6-160）。

【防治措施】

同洪湖碘泡虫。

图6-160　吉陶单极虫显微图

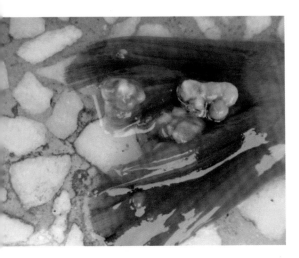

图6-161　黄颡鱼尾鳍的孢囊

三十四、黄颡鱼拟吴李碘泡虫病

【病原或病因】

病原为拟吴李碘泡虫（该病例的病原鉴定由湖南农业大学刘新华完成）。

【临床症状】

拟吴李碘泡虫寄生于黄颡鱼体表时，肉眼可见病鱼体表有大小不一的小白点或瘤状孢囊（图6-161、图6-162），被感染的鱼游动无力，无法摄食，最终消瘦而死。

【流行病学】

流行于5～10月，鱼种发病率较高。

【诊断】

镜检黄颡鱼体表的孢囊看到孢子虫即可确诊（图6-163）。

【防治措施】

同洪湖碘泡虫。

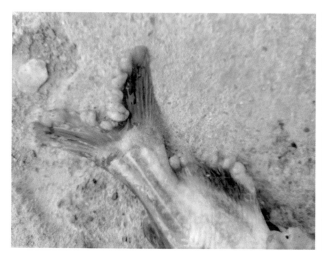

图6-162　黄颡鱼鳍条的孢囊

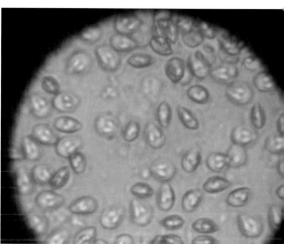

图6-163　虫体显微图片

三十五、丑陋圆形碘泡虫病

【病原或病因】

病原为丑陋圆形碘泡虫等。

【临床症状】

患病鱼口腔周边形成肉眼可见的大小不一的白色孢囊（图6-164、图6-165），部分孢囊充血呈红色，一般不会引起感染鱼死亡，但是因外形丑陋失去商品价值。

【流行病学】

主要危害鲫鱼、鲤鱼等，以一龄以上的个体发病为多，发病高峰期为4～10月。

【诊断】

根据流行病学、外观症状及镜检结果（图6-166）可以确诊。

【防治措施】

同洪湖碘泡虫。

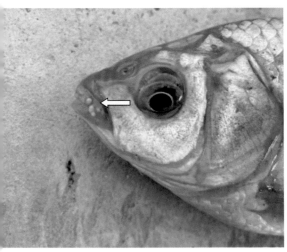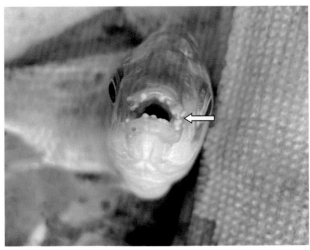

图 6-164 感染丑陋圆形碘泡虫的鲫（一）
示吻部孢囊

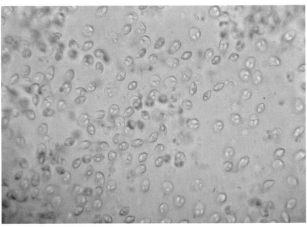

图 6-165 感染丑陋圆形碘泡虫的鲫（二）
示吻部孢囊

图 6-166 丑陋圆形碘泡虫显微图

三十六、饼型碘泡虫病

【病原或病因】

病原为饼型碘泡虫等，主要寄生于草鱼的肠壁（图6-167、图6-168）。

【临床症状】

少量寄生时无明显症状。大量寄生后导致病鱼体色发黑，腹部膨大（图6-169），不摄食，解剖可见前肠粗大，肠管呈白色糜烂状，发病快，死亡率高。

【流行病学】

主要危害草鱼等，0.75kg（1.5斤）以上草鱼较为常见，发病高峰期为4～10月。

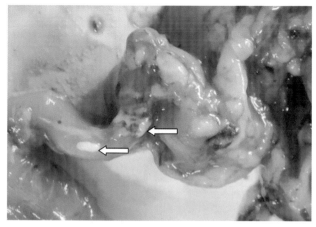

图 6-167　草鱼肠壁的白色孢囊（一）

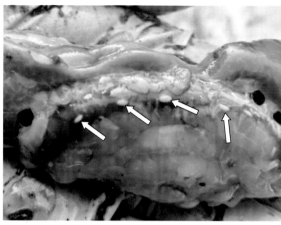

图 6-168　草鱼肠壁的白色孢囊（二）

图 6-169　感染饼型碘泡虫的草鱼外观

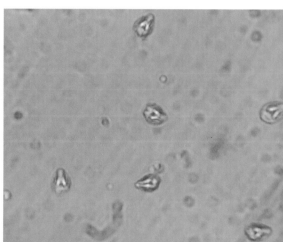

图 6-170　虫体显微图片

【诊断】

根据流行病学、外观症状及镜检结果（图6-170）可以确诊。

【防治措施】

同洪湖碘泡虫。

注意事项：少量寄生时危害不大，可不做处理；盐酸氯苯胍对于草鱼毒性极大，按正常推荐剂量使用可导致草鱼中毒死亡。

三十七、鲢疯狂病

【病原或病因】

病原为鲢碘泡虫等。

【临床症状】

患病鱼体色暗淡，头大尾小，极度消瘦（图6-171）。病鱼尾部上翘（图6-172），在水中周而复始的打转、狂游、跳跃，不久即死。

【流行病学】

主要危害1龄以上的白鲢，一般呈散在性发生，少有发病鱼大量死亡的情况，全国各主要养殖区域都有发病。被感染鱼肉味变差，适口性差，失去商品价值。

【诊断】

根据流行病学、外观症状及对发病鲢脑部解剖后镜检孢囊（图6-173）可以确诊。

【防治措施】

同洪湖碘泡虫。

图 6-171　感染鲢碘泡虫的白鲢的外观

图 6-172　感染鲢碘泡虫的白鲢尾
鳍上翘

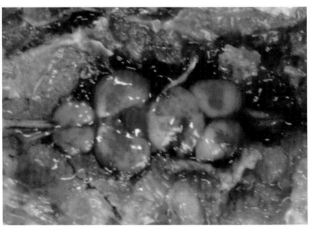

图 6-173　患病鱼脑部解剖图
（图片由岳丽佳提供）

三十八、茄形碘泡虫病

【病原或病因】

病原为茄形碘泡虫。

【临床症状】

少量感染时鱼无明显症状，大量寄生后可见鲤鱼鳃丝有大量的白色孢囊（图6-174），鳃丝结构被破坏，病鱼呼吸受到影响，有时呈浮头状，摄食下降，生长缓慢。

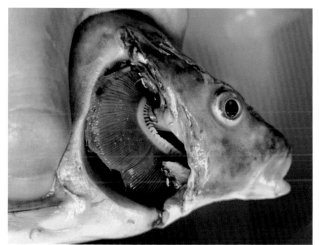

图 6-174　感染茄形碘泡虫的鲤鱼的鳃丝（图片由刘新华提供）

【流行病学】

主要危害1龄以上的鲤鱼，一般呈散在性发生，全国各地的鲤鱼主产区都有发病。主要流行于4～10月。

【诊断】

根据流行病学、外观症状及对鲤鱼鳃部的白点镜检后可以确诊。

【防治措施】

同洪湖碘泡虫。

三十九、棘头虫病

【病原或病因】

病原为棘头虫（图6-175）。

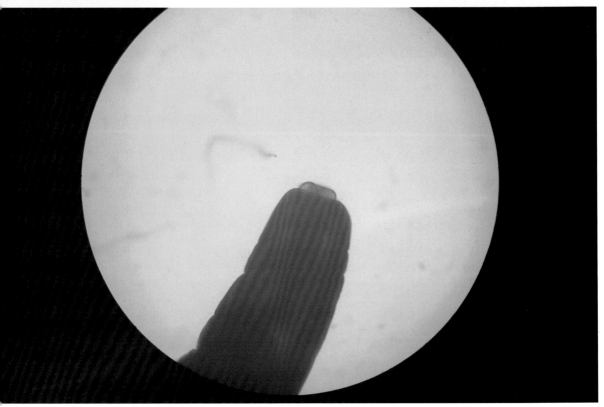

图 6-175　棘头虫头部可伸缩

【临床症状】

该虫寄生于黄鳝、大口鲶、黄颡鱼等的胃和前肠（图6-176），可导致病鱼摄食下降、鱼体消瘦，生长缓慢，严重时可诱发肠炎，引起鱼死亡。

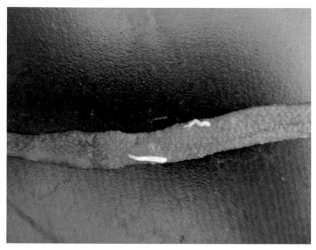

图6-176　寄生于黄鳝消化道的棘头虫

【流行病学】

主要感染黄鳝、鲶、黄颡鱼等，幼鱼及成鱼都可感染，没有特定的感染季节，一年四季都可感染，黄鳝感染率可达50%以上。

【诊断】

根据流行病学、症状及肠道解剖可以确诊（图6-177）。

图6-177　肠道内的棘头虫

【防治措施】

（1）预防

① 养殖结束后，每亩用250～300kg的生石灰带水清塘，杀灭寄生虫幼虫和中间宿主。

② 定期对鱼体进行消化道检查，发现虫体及时处理。

（2）治疗

外用：渔用90%晶体敌百虫每立方米水体0.7～1g剂量兑水后全池泼洒，每天一次，连用2次，中间间隔一天。

内服：

① 渔用敌百虫内服，剂量为每包40kg的饲料拌服125～150g。

② 盐酸左旋咪唑内服，剂量为4～8mg/kg体重，每日一次，连用5～7日。

第七章
由营养不当引起的鱼类疾病诊断与防治

一、肝胆综合征

【病原或病因】

由于高密度养殖时大量投喂高蛋白饵料、药物滥用、维生素缺乏或者饲料霉变等因素引起。本病是一种常见病及多发病，以鱼类肝胰脏、胆囊的病变为主要特征。

【临床症状】

发病鱼体色发黑，尾鳍末端发白，离群独游，不摄食，解剖可见胆囊肿大，肝脏变色。发病严重时肝脏明显肿大或萎缩，颜色变成白色（图7-1）、黄色（图7-2）、绿色（图7-3）或者褐色（图7-4），部分鱼肝脏呈斑块状黄、白、红相间，形成"花肝"样（图7-5）。胆

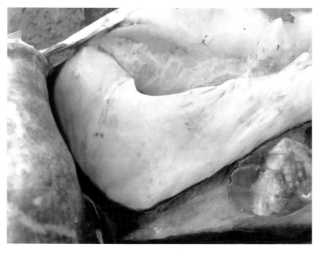

图 7-1　患肝胆综合征的草鱼（一）

示白脏

图 7-2　患病鲫肝胰脏呈黄绿色

囊亦明显肿大，内充满深墨绿色胆汁（图7-6），严重时胆囊充血发红，胆汁也呈现红色。显微镜下观察可见肝脏内有大量的脂肪颗粒。

图7-3　患肝胆综合征的黄颡鱼肝胰脏呈现绿色

图7-4　患肝胆综合征的草鱼肝胰脏呈褐色

图7-5　患肝胆综合征的草鱼（二）
示花肝

图7-6　患病鲻鱼的内脏团
示肝胰脏发绿，胆囊肿大

【流行病学】

主要发生在大量投饲的季节，全国都有流行，成鱼发病率较高，主要危害草鱼、青鱼、团头鲂等食量较大的鱼类，部分肉食性鱼类如斑点叉尾鲴、加州鲈等也有发病。发病后死亡的主要是同塘中规格较大的个体。

【诊断】

死鱼规格偏大；通过解剖可见肝胰脏肿大或者萎缩，质地脆弱（图7-7），有点状或块状出血（图7-8）；胆囊肿大，胆汁颜色变深等，再结合询问饵料投喂情况可确诊。

【防治措施】

① 科学投喂，适量投喂，根据水温、天气、鱼体的生长阶段灵活调整投饵率及饲料配方。

| 图 7-7　患病草鱼肝胰脏萎缩 | 图 7-8　患肝胆综合征的黑鱼肝胰脏
发黄，有出血点 |

② 如果池塘中死鱼的个体偏大且无明显的症状时，应考虑为肝胆综合征引起的死鱼。因肝胆综合征引起死鱼时，停饲3～7天，死鱼情况可有效缓解。

③ 维生素C+维生素E、氯化胆碱、甜菜碱、葡醛内酯、胆汁酸等分别按照每千克饲料4g、7.5g、0.1g、2.5g、1.5g拌饲投喂，每天1次，连用7天。

④ 某些公司生产的以甘草、葛根、马齿苋等中草药为主要成分的产品对肝胰脏病变有确切的效果。

⑤ 近年来饲料原料价格大幅上涨，导致区域内饲料企业竞争加剧，可能也会出现多品种的饲料质量下降的情况，值得关注。长期营养摄入不足会影响肝胰脏的健康。

二、饲料问题引起的体表出血

【病原或病因】

由于摄食了油脂氧化、原料霉变的饲料（图7-9）等导致的鱼体体表异常出血。

【临床症状】

长期摄食原料变质或者配方不科学的饲料的鱼，出现高温期或拉网时体表出血、鳞片下出血的情况（图7-10）；拉网后暂养过程中死亡率较高，作为鱼种在成鱼养殖过程中成活率很低。

【流行病学】

主要发生在阴雨潮湿的高温季节或者饲料存放不当、老鼠较多的养殖池塘。长期投喂低质饲料的池塘也可出现。

【诊断】

结合流行病学、症状，对饲料原料进行检验后可确诊。

图 7-9　霉变的饲料

图 7-10　投喂变质饲料的异育银鲫高温期体表出血

【防治措施】

① 严把饲料原料质量，不使用变质原料。选择正规企业生产的配方科学、质量可靠的配合饲料。

② 根据投喂情况适量储存饲料，所购饲料在 1 个月内使用完毕。

③ 修缮饲料仓库，地面铺设防潮膜，科学堆码饲料，防止饲料受潮（图 7-11）。

④ 做好灭鼠工作，避免老鼠咬坏饲料包装袋，引起饲料受潮后发霉。

⑤ 不投喂发霉变质的饲料。

⑥ 一旦发生此病，应立即更换优质饲料，同时添加大剂量的维生素内服，可逐步缓解。

注意：饲料企业的竞争加剧，饲料原料价格上涨与鱼价不稳之间的矛盾激化，可能会存在有些饲料企业以降低饲料质量以换取利润的可能，若养殖户购买饲料时一味追求低价而不注意饲料质量，可能就会造成肝胆综合征频发，养殖难度加大，应引起重视。

图7-11　饲料置于阳光下暴晒

第八章
鱼类其他疾病诊断与防治

一、弯体病

【病原或病因】

可引起鱼类弯体的原因有：①水体中重金属盐类超标。如新开挖的池塘重金属含量较高，养殖水花极易形成弯体病。②饲料中某种营养元素的缺乏可能会导致弯体病，如维生素或者钙质的缺乏等。③受精卵发育期间环境条件不稳定，如温度的突然变化使胚胎发育不正常，可以导致弯体病。④寄生虫侵袭神经系统，如双穴吸虫在体内移行时引起鱼类神经系统受损可以引起弯体的现象。⑤电击引起。苗期遭受电击，可导致脊椎弯曲，形成弯体病。

【临床症状】

病鱼脊椎变形，身体弯曲（见图8-1～图8-4），可正常摄食，但抢食能力不强，生长发育受到一定影响。

【流行病学】

各种鱼类都可以发病，主要发生在苗种尤其是水花阶段。多发生在新开挖的池塘或者投饲管理不当的池塘，呈散在性发生。

【诊断】

需综合考量后才能确定病因：先对鱼体重点部位做详细检查，查看是否有双穴吸虫或孢子虫的寄生，排除相关因素后询问苗种来源、池塘的开挖时间及投饵情况，做出最终判断。

【防治措施】

① 新开挖的池塘需浸塘3～4次后再开展养殖，避免养殖水花。

图8-1 患弯体病的加州鲈

图8-2 患弯体病的泥鳅

图8-3 患弯体病的草鱼苗

图8-4 患弯体病的草鱼仍可正常生长

② 加强饲养管理，科学投喂，投喂配方科学、营养全面的人工配合饲料。

③ 鱼卵孵化时确保孵化环境如水温、pH、溶解氧、水质等的稳定，发现死卵及时捞除。

④ 弯体一旦形成很难恢复，当池塘中超过一定比例的鱼苗发生弯体后可考虑重新投放苗种。

⑤ 来源不明的中草药过量使用存在重金属超标的可能。

二、阿维菌素中毒

【病原或病因】

由于阿维菌素使用不当引起的水生动物的中毒症。阿维菌素等乳油剂型的杀虫剂泼洒后的一段时间内会漂浮在水体表层，造成表层浓度过高，另使用时未将药品稀释均匀或者在鱼饥饿时泼洒，可能导致鱼类将药物摄入体内，均可引起中毒。

【临床症状】

阿维菌素中毒后视中毒的轻重程度可能鱼会出现狂游或静卧池边（见图8-5）的情况，中毒的鱼体色发黑（图8-5～图8-7），各鳍条末端发黑（图8-8），抢救不及时可引起大批死亡。

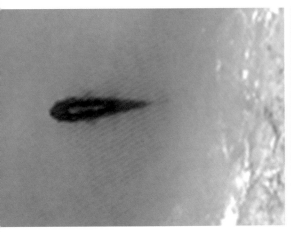

图 8-5　阿维菌素中毒的鱼静卧
池边，全身发黑

图 8-6　阿维菌素中毒的鱼全身发黑

图 8-7　阿维菌素中毒的鳙体色发黑，各鳍条发黑

图8-8　阿维菌素中毒的鲫鳍条末端发黑

【流行病学】

常发生在寄生虫高发季节。投饵前泼洒及秋末温度突然下降期使用阿维菌素都极易出现中毒的情况。

【诊断】

根据鱼体症状，询问用药情况可以确诊。

【防治措施】

① 杀虫剂需精确计算剂量，使用前务必将药液稀释均匀。

② 池塘施药时间应选在上午第二次投喂后的半小时，可避免饥饿的鱼类在条件反射下将药物摄入。

③ 风力较大时，池塘下风处勿施药或少施药，避免引起白鲢中毒。

④ 一旦发现外用药物导致的中毒，应立即大量换水，轻症可自愈。

⑤ 泼洒杀虫剂及消毒剂前半小时应打开增氧机，使用后继续开2h，可促进药液的溶散，避免表层药物浓度过高。

⑥ 泼洒杀虫剂后的2h应密切关注池鱼情况，发现异常及时处理。

⑦ 阿维菌素的毒性主要取决于溶剂，使用二甲苯为溶剂的秋季尤其大幅降温时不可使用，否则可能导致鱼类漂浮在水体表层，失去对刺激的反应能力，越冬期间寒潮来袭时被冻伤后出现死亡。

⑧ 根据国家相关文件，阿维菌素已经禁止使用于水产养殖中。

三、浮游动物过多引起的缺氧

【病原或病因】

因浮游动物（轮虫、枝角类、桡足类等）异常增殖导致的池塘缺氧，引起养殖鱼类浮头甚至泛塘（见图8-9～图8-12）。

【主要症状】

清晨可见水色呈白色或红色团雾状，池塘四周散游着大量缺氧的鱼类，在池边用白色容器舀水仔细观察可见大量活泼运动的白色或粉红色点状虫体（见图8-13），池塘水色清瘦。

图 8-9　浮游动物过多导致鲫缺氧死亡

图 8-10　浮游动物过多导致斑点叉尾鮰泛塘

图 8-11　浮游动物大量增殖导致
缺氧、浮头

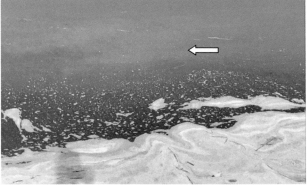

图 8-12　浮游动物大量增殖后形成团状雾白色的水色

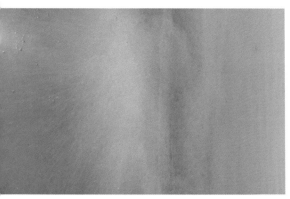

图 8-13　浮游动物大量增殖后肉眼可见水中的小白点

【流行病学】

多发生在鸡粪等粪肥使用频繁的池塘，也易发生在花鲢投放较少的池塘，春末、秋初最易发生。

【诊断】

结合鱼类状况，清晨在池边用白色的容器盛适量池水，观察到大量活泼运动的虫体即可确诊。

【防治措施】

①科学施肥，不用未经发酵的粪肥。②池塘套养适量的鳙鱼可以有效控制浮游动物数量。③发现浮游动物大量增殖时，可在清晨用1mg/L的敌百虫沿池边泼洒（药液洒在离岸1.5m远处），每天一次，连用3天（有鱼浮头时不能使用）。

四、杂鱼过多

【病原或病因】

因清塘不彻底或者进水时过滤不完全导致大量野杂鱼类（鱼卵）进入池塘，与主养鱼类抢夺饵料、争夺氧气，导致主养鱼类生长缓慢，饵料系数偏高。

【主要症状】

投饵时，饵料台前快速聚集大量的野杂鱼类（见图8-14），抢夺饲料、溶解氧及空间，导致饵料台周围溶解氧不足，主养鱼类摄食不佳，鱼体消瘦，生长缓慢。整个池塘饵料系数严重偏高，容易发生缺氧及泛塘等事故。

【流行病学】

发生在清塘不彻底或者进水时未进行过滤的池塘。

【诊断】

投饵时看到大量的野杂鱼类抢食饲料即可确诊。

【防治措施】

① 使用清塘剂、茶籽饼或者生石灰彻底清塘，杀灭野杂鱼类。

② 进水时严格遵守操作规程，设置过滤网（图8-15），避免野杂鱼苗或鱼卵随水进入池塘。

③ 一旦发现野杂鱼类大量生长，可在投饵台周围用小型刺网多次捕捞，可逐渐减少野杂鱼的数量。

④ 每亩套养8～10尾鳜鱼或者加州鲈等肉食性鱼类，可控制池中野杂鱼类数量，提高经济效益。

图 8-14　投饵台前聚集大量的野杂鱼类
　　　　抢食饵料

图 8-15　进水时应用绢网过滤

五、黄金鲫鳔积水症

【病原或病因】

　　黄金鲫是我国培育的一种生长速度快、抗病力强的鲫鱼新品种，养殖初期鲜有疾病发生，但是近年流行的一种鳔内积水症引起了不小的损失，病因尚不明确，可能为病毒感染、种质不纯或者某种营养元素缺乏引起。

【临床症状】

　　濒死鱼游动缓慢，腹部膨大（见图8-16～图8-18），严重时呈球状。解剖腹腔可见鳔膨大，内脏萎缩，挑破鱼鳔内有无色透明样液体，体表无其他明显症状，发病初期仍可摄食。

【流行病学】

　　主要危害黄金鲫的鱼种及成鱼。本病无明显的流行季节，一年四季都可发生，高温季

图 8-16　因鳔积水症死亡的黄金鲫

图 8-17　患鳔积水症的黄金鲫腹部膨大

图 8-18　患鳔积水症的黄金鲫外观，打开腹腔可见鳔内积水

节发病相对较多，部分地区发病率达到60%，死亡率达到30%。流行病学调查发现，产于天津焕新水产良种场的鱼苗发病率最低，购买苗种时可作参考。

【诊断】

根据该病的症状、流行情况及病理变化，可做出诊断。

【防治措施】

① 生态养殖，从苗种、水质、饵料等细节入手，综合提高养殖水平。

② 使用白花蛇舌草、白术、黄芪及盐酸左旋咪唑一起拌饲投喂，对该病的防控有一定的效果。

六、气泡病

【病原或病因】

① 水体中某些气体过饱和，在逸出过程中被鱼苗误食（图8-19）。

② 血液中的溶解氧因外界环境的突变（温度突然升高）溶解率降低，溶解的氧气在体内气化形成气泡（图8-20、图8-21）。气泡病一旦形成，若不及时处理，可导致鱼苗"全军覆没"。

【临床症状】

由误食气泡形成的气泡病可见鱼苗腹部膨大，肠道内充满气体，鱼苗下沉困难，在阳光暴晒下死亡；由于环境突变引起的气泡病，可在鱼的体表、鳍条、内脏、鳔等处形成肉眼可见的气泡，导致池鱼摄食变差，狂游或游动不平衡（图8-22）。

【流行病学】

一般发生在水质肥、水位浅、产氧能力强的池塘，水质清瘦的水泥池也易发生。主要

图 8-19　患气泡病的加州鲈
示腹腔中的气泡

图 8-20　患气泡病的草鱼
示肌肉内气泡

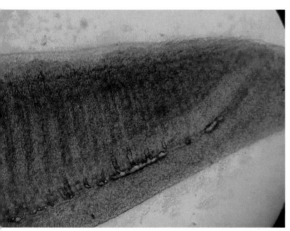

图 8-21　鲫鳃丝血管中的气泡

图 8-22　患气泡病的鲤
示体表、鳍条充满气泡

危害水花及幼鱼，可在短期内导致水花及幼鱼大量死亡。

【诊断】

根据症状、流行情况，可做出诊断。

【防治措施】

① 晴天中午在水花培育池上方设置遮阳网，以降低水温。

② 一旦发现气泡病，应立即换水，并适当加深水位。

③ 气泡病发生后，立刻打开增氧机搅动池水，促使过饱和的气体逸散。

④ 气泡病发生后，每亩用3 ～ 5kg的食盐兑水后全池泼洒，可促进气泡吸收。

⑤ 当水质过肥、池底腐殖质较多时，应勤改底、勤调水，保持水质优良。

以上措施视池塘情况可同时进行。

七、泛塘

【病原或病因】

池水中的溶解氧低于养殖鱼类需要的最低限度时，就会导致鱼类窒息，严重时池塘中的养殖鱼类全部死亡。

导致溶解氧降低的因素较多，主要有：

① 连续阴雨天气，光合作用变弱导致池塘产氧不足。

② 池塘中耗氧因子过多，如有机质、浮游动物、底栖生物等大量消耗氧气，导致溶解氧低下。

③ 外界环境突变，如温度的突然上升、暴雨后池底对流等，导致池底有机物瞬间大量释放，溶解氧被快速消耗。

【临床症状】

缺氧开始时，鱼类在水面或池边急促呼吸，活力减退（图8-23），随着缺氧的加剧，鱼类活力丧失，随风飘到池塘下风处并堆积，随后全部死亡（图8-24）。长期缺氧的池塘，白鲢等鱼的下颌异常增生，长于上颌（图8-25）。

【流行病学】

泛塘主要发生在高温、闷热的季节，暴雨后、倒藻后（图8-26）也易发生。可以危害各种养殖鱼类，白鲢等对溶解氧敏感的鱼类最易发生。当池塘中出现白鲢、小杂鱼浮头时（图8-27、图8-28），应当引起高度重视，及时采取换水、增氧等措施提高溶解氧。

【诊断】

根据该病的症状、流行情况，可做出判断。

图 8-23　缺氧后鱼类上浮

图 8-24　斑点叉尾鲴养殖池严重缺氧后引起的泛塘

图 8-25　长期缺氧的池塘的
花鲢下颌明显长于上颌

图 8-26　倒藻可导致泛塘

图 8-27　池塘缺氧
示小杂鱼先出现死亡

图 8-28　浮游动物过量生长可导致泛塘

【防治措施】

① 浮头开始后立刻换水。但要注意换水时水量不可过大，也不可直接对着失去游动能力的鱼群冲水。应该在水面放置木板作为缓冲，以免将失去游动能力的鱼类冲到池塘底部，集中窒息死亡。

② 晴天中午打开增氧机，促使上下水层对流，打破池塘溶解氧及温度的分层，对于预防缺氧有很大的作用。

③ 缺氧后及时泼洒粉剂的增氧剂。注意增氧剂的使用方法，在池塘中选定 5～6 个重点区域集中抛洒，这样可以快速形成局部富氧区域，短期内缓解缺氧的情况。不要全池泼洒增氧剂，这种做法增氧效率差、效果慢。

④ 加强养殖管理，勤调水，勤改底，在关键节点如暴雨前一天使用一次底改，可避免雨水引起的对流导致池底有机质大量释放，瞬间耗尽溶解氧。

⑤ 密切关注池塘中的浮游生物尤其是浮游动物的量及底栖生物量，过量生长后及时调控。

八、亚硝酸盐中毒

【病原或病因】

该病是由亚硝酸盐超过鱼体能够忍受的限度，导致血液中的血红蛋白转化为高铁血红蛋白，血液失去携带氧气的能力引起的疾病。

【临床症状】

亚硝酸盐慢性中毒时，鱼体外观无异常，但摄食减少，生长缓慢，鱼体消瘦；急性中毒时鱼类遍布于池塘表层，形似缺氧，但打开增氧机后鱼不靠近，濒死鱼眼球凹陷（图8-29、图8-30）、鳃丝褐色（图8-31），剪取鳃丝可见血液呈褐色且不凝固。

图 8-30　亚硝酸盐中毒后的白鲢外观

图 8-29　亚硝酸盐中毒的白鲢眼球凹陷、头部发黑

图 8-31　亚硝酸盐中毒的白鲢鳃丝呈褐色

【流行病学】

高温季节、有机质含量高、池体恶化的高密度养殖池塘极易发生，一旦发生后，可危害所有鱼类，若处理不及时死亡率可达100%。

【诊断】

根据该病的症状、流行情况，可做出诊断。

【防治措施】

① 晴天中午打开增氧机，促进上下水层对流，可以打破池塘溶解氧及温度的分层，提高池底溶解氧，降低亚硝酸盐中毒发生的概率。

② 养殖高峰季节，经常使用微生态制剂调节水质，使用生物底改及化学底改对池底进行优化，可降低亚硝酸盐的含量。

③ 亚硝酸盐含量较高的池塘，可以经常排掉部分下风处的底层水，加注部分新水。

九、白鳃病

【病原或病因】

白鳃病尤其是鲫鱼白鳃病是近几年开始流行的一种以鳃丝发黑、发白为主要症状的疾病，病原尚未明确。感染某些真菌、肝胰脏病变等可能是其发生的原因。

【临床症状】

疾病初期可见病鱼上半部鳃丝发黑、下半部鳃丝发白（见图8-32），摄食减少，易浮头（见图8-33）。随着病情发展，病鱼眼球突出，整个鳃丝变成苍白色（图8-34～图8-36），镜检鳃丝发现有大量黑色素细胞生长（见图8-37），解剖后可见肝胰脏呈黄色、苍白色或绿色，病鱼整日浮头，几乎不摄食，很快出现死亡（见图8-38、图8-39）。

图 8-32　患白鳃病的鲫（一）

眼球突出，鳃丝上半部发黑

图 8-33　白鳃病发生后的池塘病鱼整日浮头

图 8-34　患白鳃病的草鱼（一）
示鳃丝苍白

图 8-35　患白鳃病的鲫（二）
示鳃丝苍白

图 8-36　患白鳃病的鲫（三）
眼球突出、鳃丝苍白

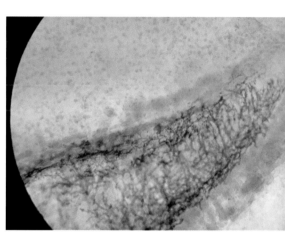

图 8-37　患白鳃病的鲫（四）
鳃丝有大量黑色素细胞生长

图 8-38　患白鳃病的鲫（五）
高温期死亡量较大

图 8-39　患白鳃病的鲫（六）
示肝胰脏发黄

【流行病学】

此病主要流行于温度在18～32℃之间时，温度越高，发病概率越大。主要危害鲫鱼鱼种及成鱼，草鱼鱼苗、鱼种也有发生（图8-40），但发病率较鲫鱼低。白鳃病一旦发生，则严重影响鱼的生长，若处理不当，死亡率可达50%。

图8-40　患白鳃病的草鱼（二）

示鳃丝发白

【诊断】

根据该病的症状、流行情况，即可做出诊断。

【防治措施】

① 保持优良的水质，保证溶解氧充足。

② 科学投喂，摄食高峰期使用强肝利胆类药物加量拌服，可防止肝胰脏病变。

外用：第一天上午，使用五倍子末加盐一起泼洒，剂量为五倍子末150g/亩、食盐1500g/亩，隔天上午，使用优质碘制剂全池泼洒。

内服：投饵率降低至正常投喂时的三分之二，同时三倍剂量添加强肝利胆散、维生素、肝泰乐等药物，连喂7～10天。

十、脂肪发黄

【病原或病因】

使用某些杀虫剂（主要是敌百虫及车轮虫药）或者摄入了配比不科学、霉变的饲料都可造成脂肪颜色变黄。

【临床症状】

发病初期，鱼体无明显异常，偶尔可见体表颜色变淡等，打开腹腔，可见肠系膜等处的脂肪变成黄色（图8-41～图8-43）。

【流行病学】

常发生于寄生虫高发季节，杀虫剂使用频率较高的季节，投喂管理较差的池塘也易发生。

【诊断】

根据症状结合养殖管理情况可做出初步诊断。

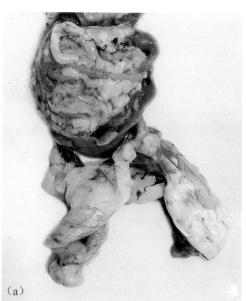 

图8-41　使用敌百虫（a）和车轮虫药（b）后的草鱼解剖图
示肠系膜脂肪变成黄色

图8-42　使用车轮虫药后的鳜鱼解剖图
示腹腔脂肪变成黄色

图8-43　黄颡鱼脂肪发黄

【防治措施】

① 选择国标杀虫剂，不用未知成分的杀虫剂。

② 科学投喂，选择配方合理、原料新鲜的饲料。

③ 饲料中添加复合维生素，对脂肪颜色的恢复有帮助。

十一、pH过高引起的鱼异常跳跃

【病原或病因】

光合作用旺盛的池塘或盐碱地池塘下午pH值达到极值后引起的鱼的不适症。如图8-44、图8-45所示。

图 8-44   pH 值过高的池塘鱼类狂游、跳跃

图 8-45   pH 值过高的池塘草鱼狂游、跳跃

【临床症状】

发病池塘上午鱼的活动、摄食正常，下午尤其是3点以后出现鱼狂游、跳跃、不摄食等情况。撒网查看可见鱼体表黏液增多。

【流行病学】

主要发生在4～5月，盐碱地池塘及水质较肥、光照强烈的浅水池塘最易发生。

【诊断】

根据症状结合pH值的检测结果可以确诊。

【防治措施】

① 适当加深水位、科学合理施肥，将池水肥度控制在一定的范围内可防止该病的发生。

② 一旦发生该病，全池泼洒有机酸如柠檬酸等降低碱度，短期内可恢复正常。

③ 易发季节经常使用发酵饲料或者乳酸菌、EM菌等泼洒，通过持续产生乳酸防止pH值长期偏高。

十二、缺氧引起的下颌异常增生

【病原或病因】

缺氧水体中的花白鲢长期将吻部露出水面吞咽空气形成的下颌异常增生（如图8-46～图8-48所示）。

【临床症状】

发病池塘的花白鲢漫游于水中，活力有所下降，经常可见其将吻部探出水面吞咽空气，生长速度缓慢，检查病鱼可见下颌明显长于上颌，严重时下颌增生，影响卖相。

图8-46　下颌增生的花白鲢的吻部及尾部图片

图 8-47　下颌异常增生的草鱼、花白鲢

图 8-48　下颌异常增生的花白鲢

【流行病学】

主要发生在水质调控不力、有机质含量高、粪肥等使用多导致的溶解氧不足的池塘。

【诊断】

根据症状结合pH值的检测结果可以确诊。

【防治措施】

① 控制花白鲢的投放密度，合理放养花白鲢。

② 合理施肥，少量多次用肥，防止大量肥料进入池塘后短期内消耗大量氧气。

③ 易发季节可经常使用发酵饲料或者乳酸菌、EM菌等泼洒，降解有机质，提高溶解氧。

十三、萎瘪病

【病原或病因】

因鱼种投放密度过大、滤食器官受损或者饵料缺乏引起的鱼体极度消瘦。

【临床症状】

病鱼活动无力、头大身小、背如刀脊、体色暗淡、鳃丝色淡或苍白（如图8-49～图8-53所示），正常养殖过程中每天都有少量死亡的情况，暴雨等强对流天气后往往出现大批量的死亡。

图8-49　患萎瘪病的花白鲢外观

图8-50　患萎瘪病的花白鲢鳃丝溃烂

图8-51　患萎瘪病的花白鲢头大身小，极度消瘦

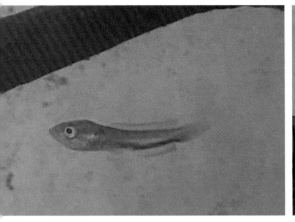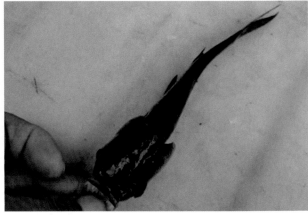

图 8-52　患萎瘪病的乌鳢幼苗　　　　　　　图 8-53　患萎瘪病的花白鲢背如刀脊

【流行病学】

主要发生在投放密度过大、饵料缺乏等管理不善的池塘，频繁使用杀虫剂及大剂量氯制剂的池塘也可发生。对花白鲢鱼苗及鱼种危害较大。

【诊断】

根据症状结合放养情况、投喂情况可以确诊。

【防治措施】

① 控制花白鲢的投放密度，合理放养花白鲢。

② 科学投喂，保证鱼类有充足的饵料。

③ 构建标准化的鱼体检查流程，定期对鱼体进行检查，发现鳃部问题第一时间处理。

④ 养殖过程中勿频繁大剂量使用杀虫剂或者强氧化性消毒剂。

十四、跑马病

【病原或病因】

鱼苗或鱼种因饵料不足或车轮虫寄生引起的沿池边有规律的大规模的异常游动。

【临床症状】

大量鱼苗或鱼种沿池边长时间"跑马"样狂游（图8-54、图8-55），最终因体力耗尽大批死亡。查看鱼体稍瘦弱，其他无明显病变，若为车轮虫寄生引起的"跑马"，还可见到鱼苗或鱼种"打转"的情况。

【流行病学】

主要发生在投放密度过大、饵料不足的池塘，保水性差和车轮虫寄生的池塘也可发生。

【诊断】

根据症状结合放养情况、投喂情况可以确诊。

图 8-54　患跑马病的草鱼种沿池边狂游　　　　　　图 8-55　患跑马病的鲫鱼种
　　　　　　　　　　　　　　　　　　　　　　　　　　　　　　沿池边狂游

【防治措施】

① 控制苗种的投放密度，密度过大时及时销售。

② 根据具体情况额外补充饵料，保证鱼苗有充足的饵料摄入。

③ 构建标准化的鱼体检查流程，定期对鱼体进行检查，发现鱼苗或鱼种有打转、狂游等症状时，重点检查车轮虫的寄生情况，若有大量车轮虫寄生，可按照"车轮虫病"的治疗建议进行治疗。

十五、产卵不遂症

【病原或病因】

亲鱼因营养不良等原因排卵不畅导致的死亡。

【临床症状】

亲鱼腹部朝上浮于水面，时而急游，时而静卧，不久即死。观察亲鱼可见腹部膨大，泄殖孔红肿，部分鱼泄殖孔被吸水膨大的卵粒堵塞。如图8-56 ～图8-59所示。

【流行病学】

主要发生在投喂较少或饲料质量较差的亲鱼培育池，冲水等繁殖管理缺失的池塘也易发生。

【诊断】

根据症状结合亲鱼培育情况、投喂情况可以确诊。

图 8-56 产卵不遂的加州鲈
腹部膨大，泄殖孔红肿外凸

图 8-57 产卵不遂的加州鲈解剖图

图 8-58 产卵不遂的乌鳢

图 8-59 产卵不遂的自产鲫

【防治措施】

① 强化亲鱼培育，投喂亲鱼专用配合饲料。

② 繁殖季节到来前拌服维生素E。

③ 产卵前提前冲水，刺激性腺发育。

十六、二氧化氯使用不当引起的中毒

【病因】

由于二氧化氯使用不当引起的水生动物的中毒症。即由于二氧化氯等氯制剂泼洒不均匀导致局部浓度过高，对水体表层的白鲢等造成较大的刺激后形成的病症。

【临床症状】

二氧化氯中毒后视中毒的轻重程度病鱼可能会出现狂游或静卧池边的情况，中毒的鱼眼球凹陷，体表广泛出血，各鳍条严重出血（见图8-60），抢救不及时可引起大批死亡。

【流行病学】

常发生在二氧化氯大量使用的季节，水质较瘦的池塘更易发生。在投饵前泼洒二氧化氯及其他药物都容易造成养殖鱼类中毒。

【诊断】

根据鱼体症状，询问用药情况可以确诊。

【防治措施】

图8-60　二氧化氯中毒的白鲢外观

①一旦发现外用药物使用不当引起的中毒，应立即大量换水，轻症可自愈。②泼洒杀虫剂及消毒剂前半小时应打开增氧机，泼洒后继续开2h，以促进药液溶散，避免表层水体药物浓度过高。③池塘施药时间应选在上午第二次投喂后的半个小时，可避免饥饿的鱼类在条件反射下将药物摄入。

十七、鸟害

【病原或病因】

鸥鸟通过捕食鱼苗、抢食饲料、传播病原等对水产养殖造成的危害，常见的有白鹭、苍鹭、海鸥、野鸭等。

【临床症状】

池边有较多杂草、树木、芦苇等的池塘可见有较多的鸥鸟出现（图8-61）；池塘投饵时，投饵区可见大量的小个体鸥鸟盘旋，抢食饲料（图8-62）；池塘发病后，可见下风处有

图8-61　杂草较多的池塘鸥鸟较多

图8-62　鸥鸟抢食饲料

大量个体不等的鸥鸟伫立（图8-63），伺机摄食病鱼，并可造成病原传播。

图 8-63　池塘发病后下风处有大量鸥鸟

图 8-64　池塘架设防鸟网

图 8-65　投饵区设置的防鸟假人

【流行病学】

全年都可以发生，不同季节鸥鸟的种类及造成的危害可不同。池边有较多杂草、树木及管理不善的池塘更易发生。

【诊断】

根据池边杂草、树木的情况及观察到大量鸥鸟可做出诊断。

【防治措施】

由鸥鸟造成的危害已经成为水产养殖中不可忽视的重要问题，因鸥鸟多属于保护动物，不可对其进行伤害，因此做好预防工作非常重要：①在投饵区设置防鸟网（图8-64）。②在投饵区设置假人（图8-65）。③加强养殖管理，投饵时应观察投饵区情况，有大量鸥鸟出现时亦可通过放鞭炮等方式对其进行驱赶。④清除池边的杂草、树木等，减少鸥鸟的栖息场所，可减少鸥鸟的危害。⑤鸥鸟是保护动物，切不可伤害鸥鸟，否则可能涉及法律责任。

第九章
有害藻类的防控

一、蓝藻

【病原或病因】

由蓝藻大量生长引起的不良水华（图9-1）。

【临床症状】

有少量蓝藻生长时，对水质影响不大，反而可以保持水质的稳定，产氧能力也较强。

而当蓝藻大量生长后，为争夺阳光，聚集在水体表层，可造成水体的分层（溶解氧的分层、水温的分层），引起底部缺氧；死亡的蓝藻被分解时大量消耗溶解氧，产生大量藻毒素，导致养殖动物缺氧、中毒死亡（图9-2）。

图 9-1　蓝藻大量生长后在水体表面争夺阳光，导致水体分层

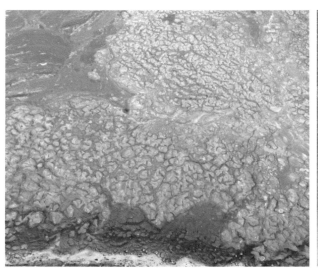

图 9-2　蓝藻大量生长后在下风处大量聚集，死亡后产生的藻毒素导致鱼类死亡

【流行病学】

常发生于投喂过多、淤泥较厚的富营养化池塘，高温季节更易发生，蓝藻大量生长后，导致池塘pH值异常偏高。

【诊断】

根据水色，镜检水中藻类（图9-3）可确诊。

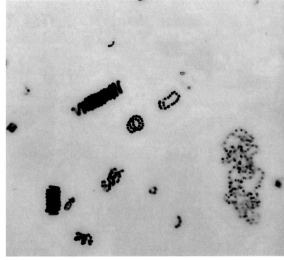

图 9-3　蓝藻水华显微图（图片由何道清提供）

【防治措施】

① 科学投喂，避免残饵等的沉积，科学施肥，有条件时可以测肥施肥。

② 关注水质变化，经常使用微生态制剂尤其是分解型的有益菌调节水质，可抑制蓝藻

暴发。

③ 蓝藻暴发以后，在池塘下风处（按池塘面积的1/4 ～ 1/3处）使用氯制剂（或者苯扎溴铵，或者硫酸铜）局部高浓度泼洒，每天一次，连用三天，三天后使用有机酸一次，然后使用分解型有益菌分解死亡藻类。

④ 已经发生蓝藻的池塘在下风处用芽孢杆菌挂袋，对抑制蓝藻的进一步暴发有作用。

注意事项：

①少量蓝藻对养殖影响不大，可不做处理。②蓝藻死亡后释放藻毒素，可直接引起养殖动物中毒死亡。因此应避免全池使用药物杀灭蓝藻，避免其短期内大量死亡。

二、角藻

【病原或病因】

角藻的一些种类。

【临床症状】

角藻成优势种群后，水体局部或全部变成红色或黄色（图9-4、图9-5），水质不稳定。其白天可产生丰富的溶解氧，但夜间耗氧严重，常在凌晨引起养殖动物缺氧甚至浮头。

【流行病学】

角藻喜高温、高pH值、高光照及静水环境，夏季盐碱水体中常大量繁殖，易形成红褐色水华，对养殖水生动物造成了严重危害。其游泳能力极强，可以抢夺其他藻类的营养和光照，因此生长繁殖速度比其他藻类快。

【诊断】

根据水色，镜检水中藻类（图9-6）可确诊。

图9-4　角藻形成水华后的水色

图 9-5　角藻形成的水华

图 9-6　角藻形态

【防治措施】

① 科学投喂，避免残饵等的沉积，科学施肥，有条件时测肥施肥。

② 关注水质变化，经常使用微生态制剂调节水质。

③ 角藻大量生长后，可在池塘下风处使用硫酸铜（氯制剂或者苯扎溴铵）泼洒，每天一次，连用三天，三天后泼洒解毒剂一次，第二天用分解型有益菌全池泼洒。

三、三毛金藻

【病原或病因】

三毛金藻及小三毛金藻（图9-7）。

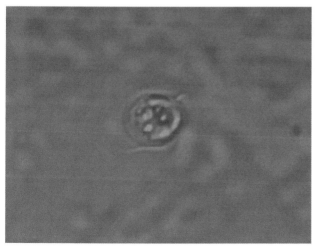
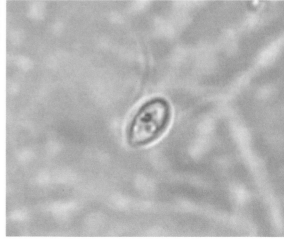

图 9-7　三毛金藻显微图

【临床症状】

病鱼头朝岸边，整齐排列在池塘四周和浅水处（图9-8），受到惊扰无反应。没有浮头及吞咽空气的现象。

中毒初期，病鱼焦躁不安，呼吸频率加快，游动急促。随着中毒的加深，鱼体逐渐僵直，失去运动能力，触之无反应（图9-9），鳃盖、眼眶周围、下颌和体表充血。

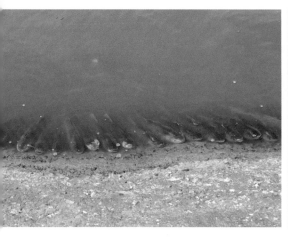

图 9-8　三毛金藻中毒后的草鱼

图 9-9　三毛金藻中毒的鳙

【流行病学】

三毛金藻在低盐度水体中的生长较高盐度水体中快；在气温−2℃时仍可生长并产生危害。大量繁殖后分泌的细胞毒素等可使鱼类和水生动物中毒死亡。养殖鱼类中鲢、鳙鱼最为敏感，其次是草、鲂、鲤、鲫、梭鱼等。

图 9-10　三毛金藻大量生长后的水色

【诊断】

根据水体颜色（图9-10）、鱼体活动和痉挛等症状可做出诊断。

【防治措施】

① 冬季定期施铵肥，使总氨保持在0.25～1mg/L，可较好地预防三毛金藻暴发。

② 发病池塘全池遍洒铵盐类肥料，使水中铵离子浓度达0.06～0.1mg/L，可使三毛金藻膨胀解体直至全部死亡，此方案对梭鱼苗慎用。

③ 发病早期，全池遍洒黏土泥浆水吸附毒素，在12～24h内中毒鱼类可恢复正常。

致谢

　　本书的写作得到了江苏省渔业技术推广中心、江苏省水生动物疾病预防控制中心、江苏农牧科技职业学院、河海大学、江苏省淡水水产研究所、青岛农业大学、国家大宗淡水鱼产业技术体系南京综合试验站、江苏现代农业（大宗鱼类）产业技术体系、中国渔业协会水产养殖投入品分会等单位领导和专家的支持和帮助，在案例的收集以及鱼病的处理中也得到了众多行业优秀企业的支持，它们是无锡三智生物科技有限公司、常州市武进动物药品有限公司、广东海富药业有限公司、江苏祥豪实业股份有限公司、礼蓝（拜耳）水产、中鸿鑫海（盐城）生物技术有限公司、浙江惠嘉生物科技股份有限公司、湖南坤源药业有限公司、北京渔经生物技术有限责任公司、南京宝辉生物饲料有限公司、安徽宝杰生物饲料有限公司、山东中农普宁药业有限公司、山东贝贝安生物科技有限公司、广东恒兴饲料实业有限公司、江苏大北农水产科技集团、淮安通威饲料有限公司、广东粤海饲料集团股份有限公司、南通海大饲料有限公司、内蒙古联邦动保药品有限公司、北京生泰尔生物科技有限公司、南通海之捷生物技术有限公司、青岛中仁动物药品有限公司、江苏华辰水产实业有限公司、光明渔业有限公司、东台市林华水产养殖有限公司、江苏省东辛农场水产养殖有限公司、江苏省沿海开发集团仓东公司等，在此一并感谢。

参考文献

[1] 汪开毓，耿毅，黄锦炉. 鱼病诊治彩色图谱. 北京：中国农业出版社，2011.

[2] 农业部《新编渔药手册》编撰委员会. 新编渔药手册. 北京：中国农业出版社，2005.

[3] 袁圣. 如何快速区分鱼类细菌病和病毒病 [J]. 水产前沿，2016（7）：87.

[4] 袁圣，厉成新，陈辉. 鱼病即将进入流行期，谨防越冬综合征 [J]. 水产前沿，2020（3）：102-105.

[5] 袁圣，薛晖，陈辉. 如何正确寻找水生动物病害的病因 [J]. 水产前沿，2020（6）：74-77.

[6] 袁圣. 鲤鱼痘疮病 [J]. 海洋与渔业，2017（7）：54.

[7] 袁圣，章晋勇，陈辉. 微山尾孢虫病的防治 [J]. 海洋与渔业，2017（5）：58.

[8] 袁圣. 阿维菌素中毒 [J]. 海洋与渔业，2016（1）：48.

[9] 袁圣. 浮游动物过多引起的浮头 [J]. 海洋与渔业，2016（3）：50.

[10] 袁圣. 钩介幼虫 [J]. 海洋与渔业，2016（4）：52.

[11] 袁圣. 鳜鱼虹彩病毒病 [J]. 海洋与渔业，2016（6）：60.

[12] 袁圣. 白皮病 [J]. 海洋与渔业，2016（7）：50.

[13] 袁圣. 鲤鱼淋巴囊肿病 [J]. 海洋与渔业，2016（9）：69.

[14] 袁圣. 弯体病 [J]. 海洋与渔业，2016（10）：47.

[15] 袁圣. 中华蚤病 [J]. 海洋与渔业，2016（11）：49.

[16] 袁圣，王大荣，陈辉，章晋勇. 浅析渔药使用的误区 [J]. 水产前沿，2016（9）：98-99.

[17] 袁圣，赵哲，章晋勇等. 鱼病标准化防控彩色图解. 北京：化学工业出版社，2022.